高魂商

自我修复与整合之力

SQ
CONNECTING WITH
OUR SPIRITUAL INTELLIGENCE

[英] 丹娜·左哈尔 Danah Zohar
艾恩·马歇尔 Ian Marshall 著

杨壮 张玮 译

华夏出版社
HUAXIA PUBLISHING HOUSE

目录

引 言

不问生活，
我想知道，
为了渴望，
你是否敢于梦想？

不问年龄，
我想知道，
为了梦想，为了爱，
你是否无怨无悔？

不管月缺月圆，
我想知道，
何事让你伤感？
你会因坎坷变得豁达，
还是因苦难日渐消沉？

面对痛苦，
我不知道，

你是淡忘还是执着？

面对人性的局限和脆弱，

我不知道，

你是静省还是忘形？

不在乎你怎么说，

我在乎，

你是否能承受让人失望的结果而始终如一？

你是否能忍受背叛的指责而不屈不挠？

是否守信？

是否乐观？

是否能从看似乏味的生活中悟到真善美？

是否能从上天找到生命的源泉？

逆境中，

你能临湖赏月么？

落魄中，

你能百折不挠么？

不论你位于何方，是否富有，

面对悲伤、苦痛和疲惫，

为了孩子，

你能否重新站起，挺身而出？

不问来处，

是谁能伴我坚守？

无论贤愚，

是谁做中流砥柱？

我想知道，

面对孤独，

百无聊赖的时候，

你是否依然真正爱着那本来的依靠？

——灵感来自奥里阿山梦想者、印第安长老

译 序

纵观中国经济改革发展的 30 年，其成果在中国 5000 多年历史上极为耀眼——在短短的时间内，成千上万的中国人迅速地走上了快速积累物质财富的轨道。世界主要富豪榜突现一批中国财富新贵。这 30 年也是中国企业迅速成长、发展、壮大的 30 年——越来越多中国国有和民营企业进入了世界 500 强排行榜；中国本土企业家也在飞速成长。

中国全社会在积极地从事物质资本的积累，追求财富，渴望资产、资本、股票、红利的升值。但在精神和文化层面、心理层面、社会责任感层面，与世界其他国家相比，中国人的心灵深处和行为举止显得多少有些犹豫和徘徊。

写作《高魂商》的两名英国教授认为：魂商使人们获得深刻的生存意义，拥有基础的价值观，意识到生活、工作、娱乐的目的所在，并理解这些意义、价值观和生活目的在生活、思维、决策、交往过程中所起的作用。魂商更能促使人们扪心自问：我从什么地方来，到什么地方去？我为什么去做这件事？我做的事究竟是为了什么？我是否能够在繁忙的工作中找到更好的解决问题的方法、方式、角度和策略？魂商是一种既拟定规范又打破规范的智力，拥有了这种智力，我们才能在不断变化的今天，自然地进入自由王国，积极创新，而不被组织边界、思想意识、传统观念、传统思维模式所束缚。

魂商作为人们的精神基础，让人们对世界抱有积极的态度，不论遇到多大挫折，始终能够保持积极向上、追求和谐发展的心态。

历史上，给世人留下记忆的英雄人物往往持有自己独特的、丰富的、具有强烈感染力的核心价值观和精神理念。不论是著名的政治家、外交家、社会活动家，还是成功的企业家、管理者、运动员，我们通常在他们成功的背后感悟到他们内心深处的精神功底。

举世闻名的甘地、曼德拉、特蕾莎修女等人用他们毕生的理想、毅力和爱心影响了世界上成千上万的人。在他们的身上我们看到了领袖所具备的卓越理念和高层次的魂商。伟大的领袖心中都有伟大的梦想。伟大的梦想建立在崇高的理想和坚定的信念之上。

甘地"非暴力"的哲学理念，为印度的独立以及世界民族主义和争取和平变革的国际运动带来了极为深远的影响。通过"非暴力"的公民运动，甘地感动了上帝，使印度摆脱了多年的英国殖民统治。特蕾莎修女从小就发誓帮助穷人。她的基金会发展历程贯穿着她对慈善事业深刻的理解。曼德拉毕生之梦是"建立民主和自由社会的美好理想，在这样的社会里，所有人都和睦相处，有着平等的机会"。曼德拉心中的自由是建立在一个完全没有种族歧视的基础之上的。甘地、曼德拉和特蕾莎修女的博爱之心和自我牺牲精神，赢得了世界上千千万万的追随者，深深地感动了每一个活着的人。这样的领袖，并没有特殊的组织或他人赋予的法律权力。他们能够长时间地影响世人，关键原因在于他们拥有很高的魂商和坚定不移的核心价值观。他们崇高的理想、博大的胸襟、仁慈的胸怀、勇于牺牲的精神像磁铁石般地吸引着无数的追随者。

世界著名的西点军校，200多年来培育出4位五星上将、3700多名将军、1000多名董事长、5000多名总经理，其中最主要的原因在于西点军校的核心理念是培养有精神、有品格的领军人物。西点军校的校训要求西点军人"追求真理，评判是非，在行动中还要表现出勇气和承诺。品格不仅涉及伦理道德的最高准则，同时包含坚定、决断、自我约束和判断力"。这些品质实际上是一种精神力量。

彼得·德鲁克在研究了689家企业后发现：一个企业所能依赖的只有企业精神。而这种企业精神的实质往往受到企业领导核心价值观的影响。在同一客观条件下，具有不同价值观的企业领袖必然会对事务有不同的看法，从而产生不同的行为和结果。领袖精神影响到公司企业文化的形成发展和公司重大政策的制定落实，是企业的核心理念、经营哲学、管理方式、用人机制、绩效评估、职业发展以及行为准则的总和。

美国惠普公司的创始人比尔·休利特和戴维·帕卡德的核心价值观是"人"。对他们讲，人才即是一切，有人才，惠普就是最大的赢家。惠普创始人的价值观为后来举世闻名的"惠普之道"的问世奠定了基础。松下幸之助本人也有他独特的价值体系。松下对人品或人格极为重视。他认为"一个人格上有缺陷的人，其才能越大越容易危害他人以及社会，在这种人身上，高超的才能是'恶的武器'，是'恶智慧'。人格是人性中的真、善、美的综合体现。"

魂商是当今中国社会最为缺乏但中国企业家最需要积累和发展的要素，是当今中国企业走向国际化、规范化的过程中，市场经济体系下迫切需要的一种新的思维理念和智力因素。

魂商的提升可以帮助中国企业家放弃旧的思维范式，认识到自己思维的局限性，克服传统文化和市场经济带来的负面因素，改变判断问题的角度和观察问题的视野，最终成为有国际视野、有判断能力、有素质、有品格的企业领袖。

翻译《高魂商》一书，不论在语言上，还是在内容和技术层面上，难度都很大。感谢张玮女士在共同翻译此书中做出的艰苦的、执着的努力。希望《高魂商》一书能够为中国社会全面和谐发展做出一点贡献。

杨壮博士

2008 年 11 月

第一章

何为魂商

魂商是灵魂的智慧。
这是一种人们用以自我修复和自我整合的智慧。

从 20 世纪早期开始，智商（IQ）便成为一个热门话题。大家普遍认为，人具有理性的思考能力，从而可以解决众多逻辑性或决策性的问题。于是，心理学家设计出种种智商测试，以此量化人的理性思考能力，按照测试数据把人分为三六九等。社会普遍认为，一个人智商越高，其思考能力就越高，能力也就越强。到了 90 年代中期，大量神经科学家和心理学家的研究表明，感情能力——情商（EQ）也同样重要。它可以帮助人了解自己和他人的情感，获得同情心和主观能动性，拥有同情共感（移情）及对情绪做出反应的能力。正如戈尔曼指出，情商是高效运用智商的基本要求。如果用来感觉的脑区受损，人的思考效率就会大大减低。如今，在 20 世纪末，一组新近发现但还没有确切解释的科学数据表明，人类存在着第三种"商"——魂商（Spiritual Quotient, SQ）。人类智慧的全幅图景随着我们对于魂商的讨论而日趋完整。这里的魂商是指一种处理和解决意义与价值问题的能力。拥有这种能力，人们就可以把行为放入一个更为宽阔、丰富和富有意义的环境中去，同时可以评价某种行为是否有意义。魂商的存在是智商和情商有效发挥的必要基础，是人类最根本的智慧。哈佛大学的霍华德·加德纳在《多重智力》一书中提出，至少有七种不同的智力存在，其中包括音乐、空间、运动、数理及情感智力。我们会在本书中论证，所有智力都与大脑三个基本的神经系统相连。霍华德·加德纳所描述的智力实际上均为智商、情商和魂商以及相关神经系统的分支。

韦氏词典定义"灵魂"为"有生命和活力的主体、生命的气息"，"相对于物质而言，灵魂赋予物理器官或组织以生命"。人类本质上是具有灵魂的生物，因为人总是无止境地对一些关于价值的人生终极问题刨根问底：我为何而生？生活的意义何在？当我疲倦、沮丧或屡受打击的时候，为什么还要坚持？是什么使这一切值得？我们被这些人类特有的追求所驱使。更确切地说，人之所以为人，就在于具备这种寻找意义和价值的渴望。人都有在更广阔、更富有意义的环境中审视自己生命的渴望——无论这环境是家庭、社区、足球俱乐部、工作单位、宗教体系乃至宇宙。人们渴望那些可以激发热情，使自己远离现实，并为自己的行为赋予意义的东西。一些人类学家和神经生物学家认为，正是这种对于意义的渴望，以及它所隐含的进化上的价值，促使几百万年前的猿第一次走下树来。他们认为，对意义的需求产生了具有象征意义的想象力，从而产生了语言，从而极大地促进了人脑的发育。①

智商和情商都不足以解释复杂的人类智慧，也无法解释人类灵魂和想象力是多么丰富。计算机具有强大的智商：它们知道规则，且可以分毫不差地遵循。动物往往有很高的情商：它们对于处境有着敏锐的感知能力，而且知道如何妥善应对。然而，计算机和动物不会问：为什么这些规则存在？这样的环境能否改变？它们在给定的界限内工作，玩着"有限"的游戏。魂商则让人类拥有创造的能力，能够改变规则或环境，超越条条框框去玩一种"无限"的游戏。②魂商给人以区分的能力和道德感，使其能用理解和同情心来打破固守的陈规，同时还能意识到理解和同情心也有其自身的局限性。魂商使人在善与恶的问题上挣扎，同时又憧憬未来——去梦想，去渴望，去摆脱身陷的泥沼。魂商与情商的主要不同在于前者具有转变的力量。就像丹尼

---

① 参见特伦斯·迪肯（Terrance Deacon），《象征的种群》。

② 参见詹姆士·卡斯（James Carse），《确定性以及不确定性的博弈》。

尔·戈尔曼的定义，情商可以帮助我们判断自己所处的环境，然后妥善应对。这是在情境所限的范围内完成，是处境引导我们。而魂商使人一开始就可以问自己：是否想要处在这种环境中？是否要改变环境，或者创造更加美好的环境？也就是处理环境的边界，人去引导环境。下文在谈及魂商的神经学基础时会提到，由于魂商在大脑的中心外工作，远离大脑神经的统一功能，所以它可以整合我们全部心智，将智力、情感、灵魂完整地统一成我们本身。理想状态下，人的三种基本心智共同工作，互相支撑。人类的大脑就是如此设计的。但它们各自又有其功能强大的区域，可以独立发挥作用。也就是说，这三种智力并非同时高或同时低，不一定非要高智商或高魂商才能有高情商。一个人完全可能智商很高，而情商和魂商很低，以此类推。

三种心理过程

西方心理学系统依赖于两种心理过程，而魂商引入了第三种。所以需要对于心理学这门科学做出延伸，并且对于人类自身有个更加深刻的了解。弗洛伊德最初定义两种心理过程为初级心理过程和次级心理过程。初级心理过程与"本我""本能""身体""情感""无意识"等概念相关。次级心理过程与"自我""意识""理性思维"联系在一起。弗洛伊德认为，次级心理过程更为高级。"本我"出现的地方，"自我"必定出现。弗洛伊德之后也有人强调初级心理过程更重要，但是所有心理学的后继研究，包括认知科学，一直保持着这种两个过程的结构。初级心理过程可以被称为情商（基于大脑中关联性神经网络），而次级心理过程可以被称为智商（基于大脑中的序列神经网络)。基于这两种过程,西方心理学有效地在自我的中心安放了一个空洞。初级和次级过程互相竞争来控制和表达。理性和感情都无法得到超越自身的解释。没有一种更深入的、共同的源头将这两者结合起来或者相互转化。它们亦没有超越个人的尺度。荣格的"自我"理论或者说"先验公式"曾经尝试着填补这个鸿沟,但是在荣格的年代,神经科学并不发达,以至于无法为他提供一个获取答案的理论基础。魂商(基于大脑的第三个神经系统,神经共振使得整个大脑中的数据得到统一)第一次提供给我们一个可行的第三种心理过程。这种过程可以统一整合另外两类过程所引起的物质,并且有潜力去将另外两类过程产生的物质相互转化。它促使理性和感性、精神和肉体之间相互对话,并且提供了一个成长和转化的支点。它同时给自我提供了一个有活力、有意义的统一的中心。

六瓣莲花形自我

魂商的发现赋予心理学第三种过程。这就需要发展一种全新的关于人类自我的心理学模型。之前的模型有两个层次:外层是有意识的、理性的人格,内层基本上是无意识的关联、动机等等。第三种过程引入第三个层次:中心内核。

在这本书中,自我可以被描画成为一个六瓣莲花形状。每一个花瓣的外层代表着自我,分别表示被大多数心理学家认同的6种可能的人格种类或者功能。我的理论主要建立于三个被大量研究的资源上:J. F. 霍兰德关于职业指导以及6种人格特征的著作,荣格的6种人格(被迈尔斯-布里格斯引用:内向型、外向型、思考型、情感型、感觉型和直觉型),卡特尔的关于动机的著作。每一个人都会意识到主要的人格，它们分布在莲花的花瓣上。每一个花瓣都有其初级过程的那一层，就是直接与身体关联的无意识的动机等。在无意识层次最深的部分，存在着集体无意识以及它的原型，就像荣格所描述的一样。莲花的最中心是第三个层次——自我的中心。这里可以积聚能量和转换潜能。这6片花瓣以及其中心正好对应着印度教中的瑜伽生命力模式所描述的7道轮，也和佛教、古希腊传说、犹太教神秘哲学思想，以及基督教中的众多传说结构相似。运用具有六瓣（人格）的莲花模型，可以讨论六种精神智慧的方法。这给读者一个认识自己人格、力量和弱点的地图，也给了读者一个获得成长和转型的最好路径。

魂商不是宗教信仰

如今盘绕在人们头脑中的主要问题大多关于意义。很多作家都说，对于更高层次意义的需求是当今时代的主要危机。我每个月出国旅行，给不同国家和文化背景的听众演讲时，都会感觉到这一点。无论我到哪里，当人们聚在一起喝酒吃饭的时候，聊天的话题总会转移到上帝、意义、幻象、价值、精神渴求这个层次上。很多人已经获得了前所未有的物质丰收，但是他们还是想要更多。很多人指着腹部说"这里"空虚。这种可以填补精神空虚的"更多"很少与正规的宗教有联系。

魂商并不一定与宗教相关。对于某些人来讲，魂商可能通过正规的宗教形式来表达，但是信仰宗教并不一定意味着高魂商。许多人道主义者和无神论者拥有高魂商，而一些自称虔诚的宗教信徒却有着很低的魂商。心理学家高尔顿·奥尔波特 50 年前的研究表明，人们曾有过类似宗教形式的体验，绝大多数是主流宗教范畴之外的产物。

　　传统的宗教是一套外部施加的规则和信仰，它从上而下地继承而来，从牧师和圣书中传承，或者从家族传统中吸收而来。而魂商是人脑和心智所内生的能力，从宇宙中心吸取的能量是它最深层的源头。它是大脑经过几百万年的进化才产生的，它让大脑可以通过寻找和应用意义来解决问题。过去三个世纪西方世界沧海桑田的变化致使传统意义上的宗教不得不挣扎着为自己寻找存在的意义。人们现在需要运用我们内生的魂商来开创新的路径，找寻更新的对于意义的表达方法——一些触动内心，并可以从内心指导我们的东西。魂商是灵魂的智慧。这是一种人们用以自我修复和自我整合的智慧。当今很多人都过着一种伤痕累累甚至分崩离析的生活。人们希冀如同诗人艾略特（T. S. Eliot）所说的一种"更深刻的联合，与内心更亲密的交流"。[①]但是在被自我束缚的自身中，在现存的文化符号和体制中，很难找到这种资源。魂商是存在于内心深处、与智慧相连，却远远超越自我，有意识思想的智慧，它是帮助认识自我的价值体系，更是可以创造新的价值体系的智慧。魂商并非依赖于某种文化或者价值。它不遵循已存的价值体系，反而具备创造一种价值体系的可能。纵观人类历史，每一种已知的文化都有一些自身的价值观，尽管每种文化的价值观都不尽相同。而魂商是超越任何特定的价值体系或文化的。因此它也是超越任何形式的宗教的，尽管它可能通过这些宗教的形式来表达。是魂商使得宗教得以存在（甚至有必要存在），而非依赖于宗教。当

---

① 参见艾略特，《四个四重奏》。

十三世纪伊斯兰苏菲派神秘主义诗人鲁米写下如下诗篇的时候，或许
已经开始思考魂商、价值和宗教之间的关系了。

我并非基督徒，也非犹太教的追随者，亦非琐罗亚斯德教的信仰
者，也不是穆斯林
我不属于任何土地，任何已知或未知的海洋
自然无法支配我，也无法对我发号施令
即使上苍，也无法这样
印度，中国，保加利亚
一切都无法对我囚以木枷
我生自无处
我的外貌也并不说明什么
你说你可见我的嘴唇，我的双耳，我的鼻
然而它们都非我本有
我可以是此猫，此石
也可以不是任何人
我将分离的二元丢弃
如同丢弃肮脏的布片
我
以同一的一个整体
看穿时间和宇宙
我是一个整体，一个统一的
整体
所以我如何才能让你承认

是这样东西在对你讲话？

承认这件东西可以改变一切！

这就是你自己的声音，回荡在上帝之墙①

这里所说的魂商，在鲁米诗中被表达成"发自你内心的穿过上帝之墙的回音"。在本书的后面会看到，这两个概念有所不同。

魂商存在的科学证据

魂商是跟人性同时存在的能力，这个概念由本书第一次完整提出。至今为止，科学家和心理学家都未能搞清楚，"意义"究竟在我们生活中扮演什么样的角色。灵魂智慧对于学者来讲十分生疏，因为这是现存的科学体系还无法研究、无法客观测量的东西。然而，根据最新的神经学、心理学和人类学研究，已经有充足的证据表明，魂商的确是人类智慧的一部分。基础科学领域的研究也显示出，大脑结构中存在魂商的神经基础。但是，由于在人类智慧分析中，智商模式始终占据主导地位，所以误导了科学家们对相关数据的正确解读。由于高度的学科专业化，与智慧相关的四类学科领域一直相互分隔，本书将第一次把这四类研究结合起来，进行综合探讨。

第一，20世纪90年代早期神经心理学家迈克尔·珀辛格的研究，以及更近的1997年神经科学家V. S. 拉马钱德兰和他的团队在加州大学的研究，都证实了人类大脑中"上帝之点"的存在。这种内置的精神中心位于大脑太阳穴圆凸颞叶结点之间。实验证明，每当被试者谈

① 引自安德鲁·哈维（Andrew Harvey），《本质的神秘》，第155～156页。

及精神或者宗教话题的时候，正电子发射扫描图谱上都显示大脑这个部分的神经区域会发光，而且随着主题的转变而变化——从西方被试者提及上帝，到佛教教徒对一些对他们来说意义重要的符号的反应。这种颞突的活动多年来一直与癫痫病患以及注射 LSD 的人的神秘幻视相联系。拉马钱德兰的工作第一个表明这些活动在正常人的大脑中也是存在的。"上帝之点"并没有表明上帝的存在，但是却的确表明了人们的大脑已经进化到可以提出一些"终极问题"的地步，可以利用敏感性来扩展意义和价值。

第二，20 世纪 90 年代奥地利神经科学家沃尔夫·辛格在"捆绑问题"上面的研究表明，大脑中存在着一种神经过程，用来统一和为我们的行为赋予意义。这是一种事实上将人们的经历"捆绑"在一起的神经过程。在辛格研究出整个大脑统一的神经共振之前，神经学家和认知科学家仅仅承认两种大脑的神经组织。其中的序列神经关联是我们智商的基础。序列连接的神经管道允许大脑遵循规则，一步一步有逻辑地理性思考。第二种神经网络组织是成百上千的神经元形成一束，然后随机与其他神经束相连。这种神经网络组织是情商的基础。人们由情感引发的，或者有关模式认知、习惯建立的智慧都与其相关。序列和计算机系统都有很多功能，但是却没法对"意义"进行操作。当今还没有任何计算机可以问"为什么"。辛格对于大脑统一神经共振的研究工作第一次提供了第三种思考的可能性：统一的思考，伴随着的是第三种智慧模式——魂商，它可以解决这些关于"意义"的问题。

第三，作为辛格研究的继续发展，20 世纪 90 年代中期，由于新的脑磁图（MEG）技术的发展，鲁道夫·里纳斯对睡眠和行走意识以及大脑中认知活动的捆绑研究获得很大进展。这种新的技术可以对整个共振电场和相关磁场进行全脑研究。

第四,哈佛神经科学家、生物学家和人类学家特伦斯·迪肯发表的关于人类语言起源的研究[1]表明,语言是一种人类特有的、本质为象征性的、以意义为中心的行为。它是和人脑前额叶快速进化同时进行的。现存的电脑甚至更高级的人猿都无法运用语言。因为它们缺少如同人脑前额叶一样的处理意义的器官。这本书会证明,迪肯关于象征性想象的演化及其在大脑和社会演化中的后继作用方面的研究支撑了我们的魂商智慧能力理论。

运用魂商

从进化论的角度来讲,迪肯的关于语言和象征性代表的神经生物学著作表明,人们事实上的确是运用魂商来使大脑发育。魂商如同安装线路一般使猿演化成人,并给予人们进一步重新"安装"的潜能——成长和转化,从而使人类得到进一步演化的潜能。人们因为魂商而获得创造力。当人们需要灵活地、有创造性地追求梦想的时候,就需要魂商帮忙。人们用魂商来处理存在性的问题——那些被旧有习惯、问题、疾病或悲痛所累的问题,那些让人们觉得进退两难的问题。魂商让人们意识到自己的确有存在性的问题,而且给我们以解决这些问题的能力——或者至少平息它们带来的困扰。它从深层次给我们一种对于"我们为了什么而奋斗和生活"的感悟。魂商是人们身处边缘地带时的指南针。在混沌理论中,"边缘"是规范和混乱之间

---

① 参见《象征的种群》,1997。

的界限，也是全知全晓与迷茫失措之间的界限。"边缘"亦是我们创造力得到最大限度发挥时所能走到的极限位置。魂商——人们内心深处对意义的直觉感知——是人们在边缘时刻的指引。（在希伯来文中，"意识""指引"以及"灵魂中隐藏的内在的真理"都有相同的词根。）魂商指引人们到达事物的核心，得到差异背后的统一。所以，魂商能让人们把握所有宗教背后的本质精神，同时避免被狭隘、孤高的偏见所影响。同样，一个具有高魂商的人可以不去信仰任何宗教，而同样拥有那种精神上的达境。魂商使人们能够整合所有内心和人际间的关系，超越自我和他人之间的鸿沟。丹尼尔·戈尔曼写过关于自我内部情感以及人际之间情感的著作。但是仅仅靠情商无法帮助我们去消除它们之间的沟壑。只有魂商才能让人们明白自己是谁，事物对于自己意味着什么，事物对于他人的意义如何，从而让人们在自我的世界里面找到一个位置。人们应用魂商可以更加充分发展自我的潜能。每个人都通过经验和个人的视野创立一个潜在的个性，这种个性与实际的自我之间会产生一种不一致的张力，使得实际做的事情往往不能达到本来可以达到的更好的境界。在纯粹的自我层面上，人们是完全沉迷物欲、自私自利的。但是人们的确拥有超越自我，获得善良、完美、慷慨、牺牲等美德的愿景。魂商使人们超越当前的自私，使那些藏于内心深处的美好境界成为可能。它帮助人们在更深层次的境界中生活。最后，人们可以运用魂商在善恶问题上明辨是非，在生死大事上得到醒悟，对人类一切痛苦和绝望找到深层的根源。很多时候人们试图用理性来平息这些问题带来的困扰，或者被这些问题折磨得情绪低落，甚至被搅扰到自我毁灭，进入了灵魂的痴妄绝境；人们有时看到地狱的模样，从而陷入无比痛苦而绝望的深渊。最终这一切都要用魂商来平息。老子在《道德经》中说："同于失者，失亦乐得之。"必定是内心非常急迫的追求才可以触动自己的真性，使自己与那些新鲜、纯净、给人活力的事物亲近。在漫长的追求过程中，人们不仅希望发现他们所追求的事物，而且也会乐于将他们的发现与他人共享。20世纪犹太教神秘主义者亚伯拉罕·赫施尔说，我们提出问题的时候要比自以为找答案的时候距离上帝更近。17世纪法国哲学家、神秘主义者帕斯卡尔在《以上帝之名》中也有论述，当你们开始寻找我的时候，你们已经找到我了。[①]

魂商的测试

高度发达的魂商的指标包括：

○ 自然而灵活的适应力

○ 深刻的自我认识

○ 能够面对和转化精神痛苦

○ 有面对和超越身体疼痛的能力

○ 能够被愿景和价值观所激励

○ 不愿引发不必要的伤害

○ 善于在不同的事物中找到关联

○ 善于问"为什么"或"如果……会怎样"等问题，以寻求根本性的答案

○ 拥有被心理学家称为"情境独立"的能力——打破陈规的能力

---

① 参见犹太学者亚伯拉罕·赫施尔（Abraham Heschel），《正在寻找人类的上帝》。

高魂商的人很可能是一位领导者——一个给他人展示更高愿景和价值观，并指引他们运用的人。换句话说就是一个激发他人灵感、鼓舞他人的人。这本书会提出一些问题，随着这些问题，读者就会找到自己的魂商。本书也会谈论某些具有很高和很低魂商的名人。

提高魂商

现代社会的集体魂商很低。人们生活在一个精神空虚的文化氛围中。这种文化氛围被物质主义、私利享乐、狭隘的个人中心、意义缺失和责任感缺失所污染。但是作为个体，人们可以努力去提高个人的魂商——事实上，整个社会的进化依赖于有足够多的个体都在致力于提高自己的魂商。总的来说，人们可以通过增加使用第三种心理过程的频率来提高魂商——就是我们要多问为什么，多去寻找事物之间的关联性，更多地去将事物背后或内在的意义阐释清楚，更多地去沉思，去试着触摸超越我们自身的东西，更多地去承担责任，去认清自己，尽量对自己诚实，变得更加勇敢。本书最后一章会讨论如何在这样一个灵魂愚钝的时代提高自己的魂商。

西方世界的文化——不论在这个世界中的哪个角落——是一种被物欲横流、自私自利所冲击的文化。人们错误地使用人际关系和环境，就如同错误地运用了最深层人类意义。人们面临可怕的想象力贫乏，忽视人的本真品性，而将目光集中于浮躁而狂热的事情上，集中于"索取和花费"这些事情上。人们忽视了自己、他人和整个世界存在的庄严和神圣，就如同美国剧作家约翰·格尔在《六度分离》中写道："我们这个时代的最大悲剧之一就是想象力的死亡。我相信想象力是我们创造的通往真实世界的通行证。它是我们独有的语言。正视自己是最困难的事情。想象力是上帝赐予我们的礼物，它让我们对于自身的检视变得可以容忍。它告诉我们自身的极限，又告诉我们如何打破它……想象力是我们一直追求要达到的地方……"①

人们通过更加精炼地运用自己的灵魂智慧，依赖运用过程中所要求的诚实和勇气，就可以重新建立起自身内部深层资源和深层意义之间的联系，并且用这种联系来为比自身更为广大的目标服务。在服务中，人们可以实现自我的救赎，而人的最深层次的救赎可能就存在于最深层次的想象力中。

---

① 引自理查德·奥利弗（Richard Oliver），《铁石心肠的阴影》，第 33 ~ 34 页。

第二章

意义的危机

对于意义的追寻是我们生活最主要的动机。
就是这种追寻使得我们变成现在这样具有灵魂的生物。

对意义的追寻是人一生中最主要的动机，并非是出于人的灵感驱动力所产生的'第二级理性行为'。意义是独特而明确的，因为它必须也只能被追寻者找到而获得满足。只有这时，它才能获得一种重要的含义，满足主体对于意义的追寻的意愿。

——维克多·弗兰克《活出生命的意义》

20世纪的科学获得的一个最深刻的洞察就是，整体可以比个体之和更加有力量。整体并不只是在数量上更大，整体蕴含着一种部分无法企及的丰盛维度。就像书中所引用的概念一样，经历"精神世界"意味着接触更广大、更深刻、更丰富的整体。这个整体将人们目前的有限境况放入全新的视野中，从而获得一种"超越眼前""获得更多价值"的感觉。这种精神上的"更多的东西"可能是一种更深刻的社会现实或者有关意义的社会网络；也可能是神秘维度、原型维度或者宗教维度上对于人们现状的领悟或协调；它还可能是对于真理或者美感的更深层次的感知，是一种对于宇宙整体感的深刻的协调，是感知到自身行为实际上是更宏大的宇宙过程的一部分。无论人们对于精神的独特感知是什么，没有了它，人们的视野就被云遮雾绕，目标会被束缚，生活如同一潭死水，就如同诗人威廉·布雷克写到的："如果视线的大门变得纯净，一切都会无限地展现在我们眼前。"如同维克多·弗兰克所说，对于意义的追寻是我们生活最主要的动机。就是这种追寻使得我们变成现在这样具有灵魂的生物。正是在对于意义的深层需求无法得到满足的时候，我们的生活才变得阴暗和空虚。当今时代大多数人的这种需求都没有得到满足，因而这个时代最根本的一个危机就是精神危机。

　　最近我收到了一封瑞典高级商业主管的紧急邮件，要求我下次去斯德哥尔摩的时候和他见个面。他必须做出一个关于未来生活的重要决定，希望我能与他一起讨论一下。当我们见面时，他十分紧张，直截了当进入主题。我姑且叫他"安德斯"好了。他告诉我他已经年过三十，"我在这里成功地管理着一家大公司，"他说，"我身体很好，有一个美满的家庭，社会地位很高，我自以为我有了一切权力。但是我仍然不清楚自己到底在做什么。我不知道是不是在正确的道路上。"他继续说，他非常担忧这个世界的状况，特别是全球环境问题以及整个社会关系的破裂。他说他觉得人们正在掩耳盗铃地躲避面前真正的问题。他希望做些什么为别人服务，但是不知道如何做，只知道想做一些事情，为解决问题尽一份力。安德斯所描述他自身的不安就是"精神的困境"，他自己正在经历"精神危机"。这是当今社会一些敏感青年的典型危机。我第二天应邀演讲，将安德斯的故事告诉了一群商业高层管理者，他们中间的四个人事后分别找到我，问道："你怎么知道我的故事的？"那天晚些时候，一群瑞典高中生对我进行采访，向我问了同样的问题："我们想要服务社会，改变世界。我们不想重复地做这个时代丢给我们的垃圾事情。我们应该如何做？我们是要加入这个体系，还是置身事外？"虽然和宗教或信仰无关，这些青年人仍然说自己存在着精神上面的问题，因为他们不知道如何才能过一种更有意义的生活。他们渴望在一种更加深刻的价值体系下生活。他们拥有维克多·弗兰克所说的"对于意义的追求欲望"，但是他们又觉得这一点在当今这个世界中会受到打击。

　　生活中的很多方面都能看到追求意义的表现。生活到底为了什么？工作对我意味着什么？这个我一手创办的或者为之工作的公司怎么样？这是什么样的关系？为什么要攻读这个学位？这对我来讲意味着什么？我总有一天会死去，这又意味着什么？为什么我要专注于做一件事情，专注于一个人？西方世界排名最高的两种死亡原因——自杀和酗酒，常常与意义危机有关。

生活在从前时代的人们基本上不会去问这些问题。他们的生活从文化上被嵌入了一定的框架中。他们有自己的生活习惯、圈子、道德体系和信仰，所面临的问题都在有限范围内，目标也是既定的。但是在现代社会中，我们已经失去了哲学家所说的"生活的理所当然性"。我们面对的是存在性或者精神性的问题，因而急需培养一种智慧来解决这些问题。仅仅是智商或者理性智慧已经不够了。所要寻找的意义本身就不是理性的，当然也不是纯粹感性的。已有的框架已经不足以使人们再发现幸福。人们开始质疑这种框架本身，质疑现有的价值体系。他们要找新的价值体系——一种无法被定义的"更好的"价值体系。其实仅仅是在问这些问题的时候，人们已经显示出运用自己魂商的行为了。追求的这种"更好"是什么？为什么需要运用魂商来发现它？为什么说意义是当今世界最大的问题？时代变了么，还是人类的需要增多了，或是智力本身进入了一个新的演化阶段？这都是人们急需思考的问题。

在我自己的生活中，意义一直是一个亟待解决的问题，因为我的生活中从未有过明确给定的意义。我3岁的时候父母分居，5岁时候他们离婚。我从来不了解父亲，也不知道他是哪个阶层的人。我是波兰裔的移民，童年时代都是和祖父祖母在一起的，他们的生活深植于恒久不变的乡村文化和传统的宗教信仰中。但在我的母亲看来，这些都是毫无意义的形式，根本不需要墨守成规。循规蹈矩也只是为了在邻里乡亲面前显得有地位而已。母亲教给我的规矩她自己都不会遵守，她给我的理由自己都不相信。我成长于那个经历了麦卡锡主义、走向越战年代的美国。那些曾经大谈理想、价值的领袖们——约翰·肯尼迪、马丁·路德·金、鲍勃·肯尼迪一度是我心中的英雄，但是后来都被暗杀了。我曾经生活在一个生活宽裕的中产阶级家庭，但是继父不断更换工作，不断地有婚外情，而我的母亲则靠暗自吞服药片来麻痹自己不去想太多事情。后来她自杀了，彻底地解脱。我童年的后期已经没有什么亲戚了，他们大多都搬到了其他城市。邻居也同样不断地变换。我上过 6 所小学。起初我信仰祖父祖母的宗教，后来又转信过其他宗教，但是费尽心力都没能找到一个让我满意的宗教信仰。就像安德斯一样，成年后，我一直在寻找意义，追求一些生活方式或者一些值得奋斗的愿景。这样我就可以将父母和我的行为放进更大的框架中去理解。

我的情况并非个案。这个摩登时代处处可见这种家庭、社会和传统宗教的破裂以及英雄人物的缺失。这个时代充斥着想要寻找意义的年轻人。人们生活在一个没有清晰目的地，没有明确规则，没有明确价值，甚至没有责任感的时代。人们缺少生活的大方向。从某种意义来讲，这种精神荒芜是智商高度发达的副产物。人们过分理性，以至于远离了自然和其他生物；人们过分理性，以至于超越了宗教的可能性。在技术大跃进的时候，人们把传统文化和它所蕴含的价值体系丢在身后。人们的智商为自己增加了财富和寿命，但是也引发了无数的危机，有些已经威胁到了人类和居住环境。但是我们仍然没有找到一个使自己活得有意义的方法。现代社会在精神上是空虚的，不仅在西方社会，而且在日益被西方文化影响的亚洲国家中也是这样。这种

"精神愚钝"使我们失去了对基本价值观的感知——那些蕴含在春夏秋冬、日日夜夜、分分秒秒之中的价值；那些蕴含在日常礼节、衣食住行、生老病死上面的价值。人们看到和经历的都是即时的、实际的东西。人们被形形色色的表象蒙蔽了双眼，无法将自己的行为放入大环境中，更不能体会其中的深层意义。我们并非都是色盲，但是却大多是"意盲"。我们怎么会走到这一步呢？

丢失的中间层

写这本书的时候，我家每年都会在尼泊尔过一个月的圣诞假期。在仍处于前现代社会的印度教徒和佛教徒的世界里，时间如同产生了魔法，色彩、光影、声响、味觉都那样丰富，深深地打动了我，同时也深深地影响了书中提到的很多人的思想。我的孩子们很浪漫，他们情愿用自己在西方世界的财富和舒适来换取尼泊尔式的贫穷和魔幻。"我们不要回家了！"每次度假结束的时候他们都恳求我。我和丈夫的感情就更加复杂。尼泊尔社会崇尚很多我们已经失去的东西——群体之间坚实的纽带，大家族的模式，全社会人共享同一套精神传统。自然而紧凑的日常生活中，穿衣吃饭、生老病死的意义都无比丰富。他们对日常用具的设计——比如一只饭碗上的花纹——有一种近乎崇敬的关爱之情。一天天重复简单的生活方式，日出而作，日落而息；季节更替，一丝不苟地庆祝大大小小的传统节日。尼泊尔是深刻的，精神是丰盈的（充满了上层建筑的意义）。所有这些都不同于我们的世界。我们文化上根本就没有这些。

像尼泊尔这样少数保留下来的传统文化属于人类早期的意识阶

段。这里称其为"联结式文化"，因为他们的习惯和价值体系的支撑基础是一种"联结式思维"——依附在习惯和传统中的思维。其兴旺建立在对于熟悉模式的认同和重复之上（第三章对此有更多介绍）。这里把这种文化称为"健康的中间体"，因为他们的优点和弱点都存在于个体的中间层面上，这个中间层就像弗洛伊德所说的"初级过程"，或者肯·威尔伯所说的"前人格"，以及本书将之和神话想象一起放置在自我莲花模型的中间层的东西，也就是荣格所说的"无意识"的原型。

在贯穿本书始终的莲花模型中，自我有一个自利的（理性的）外围，一个联结的（感性的）中间层，还有一个统一的（精神的）中心。一个自我平衡良好的、有着较高精神智慧的人具备每一层。但是在传统的社会中——不论是西方笛卡尔之前的社会，或者 17 世纪早期理性萌芽时期，还是今天那些所谓"不发达国家"如尼泊尔——能量、意义、统一等存在性精神层面都被归为中间层。传统的社会将深层的灵魂洞察和价值体系压缩在传统和文化中，所以当每一个个体要与精神中心发生联系时，是通过传统和文化作为中介的，而非直接去联络中心。举例来讲，修建中世纪欧洲大教堂的工匠很少会意识到建造神圣建筑的准则，但是他们在工作中慢慢领悟了这些东西。很少有中世纪的农民考虑生活的意义或者工作的意义，因为他们被埋进日常工作的需求和传统之中。一个尼日利亚部落的年轻人给我定义他的个人价值的时候说："这些事情是我父辈传给我的，我在上面继续耕作，但是它们的核心并没有变。"在传统社会中，整个生活的核心一直都没有像现代社会这样变得对人有意义——至少没有让人意识到，就如同人们开车或者骑自行车的时候并没有对每一个动作都有意识一样。

所以在这样的健康中间层的社会中，人们依靠精神价值、意义网络和人际关系的习惯都是整个社会本身的技能。

今天，这种共享的社会群体对于大多数的城市人来说根本不存在。人们在自身的中间层上面严重营养不足，几乎没有超越日常生活的群体传统，也就无法找到基础来支撑我们社会中深层次的意义。人们几乎没有"神明"，也很少有英雄存在。而这些"形态"证明，可能是有一些深层存在能够优雅地打动我们的内心。戴安娜王妃逝世后全世界的哀悼表明了人们对于英雄人物需求的广度和深度。戴安娜王妃的生命代表了自然、温暖和爱，代表一种人们渴求通过一些集体符号或者偶像所接触到的柔弱。由于缺乏这种健康的联结式中间层，人们只得自己塑造自己的意义，或者干脆去感受他人的损失。人们经常为了补偿而过分夸大个体感官的需求。人们向自利的自我层诉求这个层次并不拥有的东西。人们缺乏中间层承载的意义中心，于是就暴露在破裂的生活边缘，与外部的莲花瓣隔绝。因此，人们常常为了寻求意义而诉诸扭曲的、边缘化的行为，比如物质主义、性乱交、无理由的反叛、暴力、毒品或者新纪元神秘论。

科学的角色

在西方，传统的文化和它保留的一切意义和价值由于 17 世纪的科技革命而开始分裂。同时兴起的就是个人主义和理性主义。牛顿的思想不仅推动了科技，最终导致了工业革命兴起，也引发了对支撑这个社会的宗教信仰和哲学观念的侵蚀。新的科技带来了很多好处，但是也将人类从土地驱赶到大城市，这里有混乱的社区、破裂的家庭、被替换的传统和工艺。新的科技也让人类不再依赖习惯和重复。联结式的意义和价值从他们成长的土地里面被根除，伴随而来的哲学革命又把人类的灵魂连根拔除了。

牛顿哲学的核心原则可以被概括成三个词："原子论""确定论"和"客观性"。尽管这些词听起来有些抽象和遥远，它们所代表的概念却触动了我们最中心的部分。

原子论认为世界根本上是由一些小粒子组成的，彼此在空间和时间上隔离。原子是坚硬而不可穿透的，有着不可超越的边界。它们不可互相进入，但是又在相互作用与反作用下互相联系。它们互相排斥，寻找方法躲避彼此。约翰·洛克，18世纪自由民主主义的创建人，运用原子理解人们个体的模型和社会的基本单元。他说社会整体是一个虚无的概念，而满足每一个个体需求的权利才是主要的。原子论也是弗洛伊德的心理学视角和他的"物体关系理论"的基础。根据那个理论，每一个人都是被孤立地束缚在不可穿透的自利圈子内。你对我只是一个物体，我对于你也只是个物体。人们永远不会从根本上了解彼此，爱和亲密都是不可能的。弗洛伊德说："《十诫》里说到像爱自己一样爱你的邻居，是有史以来最不可能达到的戒条。"他认为整个世界的价值体系只不过是超我的一种投射，是父母和社会期望的投射。这种价值体系已经给自利的本我施加了不可承受的负担，让我们生病。他用了一个词："神经质的"。一个彻底的现代人，根据弗洛伊德的理论，会从这种无理的期望中解脱出来，遵循人人为己、适者生存的生存原则等等。

牛顿的确定论教给我们，物理世界是被铁一般的定律——运动学三大定律以及万有引力定律——所支配的。物质世界的万物都是可预测的，于是最终是可控制的。在同样的条件下，B 永远会追随 A，不会有任何意外。弗洛伊德也将确定论引入自己的理论中，就是他的"科学心理学"。他说无助的自我从下面被本能黑暗的力量和本我的侵略性所驱使，上面又受到超我的不可能实现的期望所压制。这两种互相对抗的力量和出生后前五年的经历决定了我们一生的所有行为。我们是自身经历的受害者，别人所写的剧本里的旁观者。社会学和现代的法制体系加强了这种感觉。大多数人可能不知道牛顿的确定论或弗洛伊德的"本我""超我"，但是有些感觉如同瘟疫一般弥漫在整个世界：人是孤独的个体，人是一种强大力量的受害者，人无法改变自己的生活，更不用说这个世界了。我们心存忧虑，却又不知道如何去承担责任。一个 20 岁出头的人告诉我："我被这个世界的支离破碎弄得不知所措了。我没办法得出合理的解释，不知道该做什么。我变得冷漠消沉。"

牛顿的客观性理论（或称其为"客观主义"）增强了这种孤独感和无助感。在建立新科学方法论的时候，牛顿在观察者（科学家）和被观察对象之间划分了一条清晰的界限。世界被划分成为主体和客体：主体在这里，客观世界在主体的外面。牛顿理论中的科学家是被分离开的观察者。他们只是看着这个世界，对其测量、实验。他们操控自然界。一般现代人对于自己和世界关系的体验仅仅是"置身其中"而非"是其一部分"。这个"世界"包含其他人，甚至亲密的人，还有机构、社会、物体、自然以及整个环境。牛顿对于观察者和观察对象之间的划分给人们一种感觉就是，人们就是在这里为自己而活，为自己尽可能做到最好。于是牛顿的理论让人们不知道应该对什么负责，如何承担责任。人们没有自己的人际关系，也不知道如何得到可能的效果。

最后，牛顿科学所描绘的宇宙是冰冷的、死寂的、机械的。牛顿的物理世界没有给思想和意识留有余地，也没有给任何形式的人类奋斗留出空间。荒谬的是，19世纪和20世纪发展起来的生物学和社会学将牛顿的体系采纳进来，对于人类自身、人类思想和人类身体的描绘采取了同样机械的范例。人们变成了基因控制的机器，身体是一堆零部件堆砌而成，行为是受条件约束而且可预测的。人们的灵魂是陈旧的宗教语言的幻想，思想只是大脑中细胞的活动。在这种图景之下，我们怎么可能找到人类活动的意义呢？

意义的疾病

被剥夺意义的人为了寻求整体感，常常会过分焦虑自己的健康。健康和整体两个词在日耳曼语系中有相同的词根——拥有健康就是完整的。于是人们对一次次的健康潮流、维他命食谱、健身法趋之若鹜，在忙碌的生活中加以实践。但是现代主流医学是非常牛顿式的。它把人体看作一个上了润滑油的基因机器，疾病应该被根除，衰老和死亡被视为这个体系的漏洞和敌人。已有一些医生和健康专家开始用不同的眼光来看待疾病。他们认为疾病是人体的一种诉求手段，是对身体的一种提醒——提示身体的某些东西如果不予以关注会导致痛苦的伤害甚至死亡。引发这些疾病的可能是我们的态度或者生活方式，而非体内化学物质的不平衡。1999年6月在英国召开的国际会议上，医生、病人、科学家和政策制定者们都认为我们大多数的痛苦，甚至慢性疾病，都包含着"意义的疾病"的因素。[1] 癌症、心脏病、阿

---

[1] 参见 K. A. 约布斯特（K. A. Jobst）等，《意义的疾病：健康与其隐喻的表现》。

尔茨海默症和由抑郁、疲劳、酗酒或吸毒引发的痴呆病症都是无意义危机伤害身体细胞的力证。临终之际的痛苦和恐惧也是因为我们无法将生命自然的终点放入一个有意义的情境中，所以我们无法幸福、平静而安详地离开。与会代表们争论说，医学和科学的努力反而增加了"意义疾病"的蔓延。人们被"医学疾病"束缚住了手脚，从而忽视其更加复杂的根源，也就无法真正寻找"正确的"基因，设计"有效的"药物。其实很多疾病并不是身体上的，而是精神上或身心共同作用的结果。D. H. 劳伦斯在《医治》一诗中写道：

> 我不是机器，不是零件的组合，
>
> 我生病也并非零件出了问题，
>
> 我的病是灵魂的伤口，是最深的情感受到伤害。
>
> 而灵魂受伤是个漫长的过程。
>
> 只有时间、耐心和悔悟能帮我复原，
>
> 即使这种悔悟是漫长的。
>
> 意识到生活中的错误，将自己从不断重复的错误中解脱，
>
> 从大多数人类所崇尚的错误中解脱。①

灭绝的威胁

20 世纪的科技引发了另一种意义危机。之前，人类虽然知道自然界发生过大灾难，但是作为一个物种，人们总是以为人类或者整个生命体系都会继续存在几百万年。每一代个体的演出都是整个时间长

---

① 参见 D. H. 劳伦斯（D. H. Lawrence），《诗集》。

河中的一个片段。但是从 1940 年之后，人类先后经历了核战争带来的大范围灭亡和日益突出的生态灾难。本书中，读者可以清晰地了解到，为了让意义确实有"意义"，必须要有一个界限。一旦界限被打破，人们就会感到愤怒然后采取行动。但是如果界限根本不存在，人们就会不知所措，感到彻底的恐惧，旧有的经历完全失去了意义。

第二次世界大战时期，纳粹党越过了自相残杀这个界限，结果便毫无控制地进行屠杀，完全超出以前所有的人类预期和价值体系。若是这样发展下去，可以预见人类将会怎样彻底灭绝。因为难以承受，大多数人不去想这些灭绝的事情。但是全球灭绝威胁的确影响着人们的思考和行为。它迫使我们更加忙于及时行乐："今朝有酒今朝醉。"于是人们不惜压榨自己的同类，变本加厉地从地球索取来满足当前的享受。人类的时间框架变小了，随之而来的是人类赖以生活的意义和价值也大幅缩水。

西方人文思想的贫瘠

人们及时行乐的另一个原因是想象力的丧失。近两三百年来，人类视野中只有自身，人类越来越被束缚在一个自我中心的狭小圈子里，断绝了与更广阔的外界意义的联系。伟大的 18 世纪启蒙思想家断言，人类是衡量一切的标准。这个观点与《圣经》中上帝创造万物来为人类服务的思想如出一辙。人类的自我中心思想是西方文化的一个基本原则。但是这个思想将我们带入了狭隘的人文主义中。启蒙思想家继承了亚里士多德的哲学理论，将人们定义为理性的动物。人类真正的根源埋在理性之中（我们的智商之中），同时也埋藏在理性的产物——科学、技术、逻辑、实际中。社会哲学家和政治哲学家顺着这种思想进一步强调，个人权利绝对大于任何奉献或责任。

由于牛顿思想和城市化的影响，人们开始远离自然；由于西方宗教传统的消亡，人们开始远离上帝；由于简约科学思想的影响，人们远离了魔法和神话。在弗洛伊德及其追随者宣扬的自利自我的影响下，西方的人文思想变成了欺骗和绝望的综合体。我们是最好的，我们在进化论树图的顶端——但是这又说明什么呢？

在东方，人文思想拥有真正的精神性基础。佛教和印度教都批评西方宗教缺少人文关怀，将上帝置于人类之上。我尝试争辩说，人文思想是我们问题的根源，亚洲人则摇头表示怀疑。这种分歧的根源在于，他们的人文思想更高级，是更高的"自利"，是基于权利和理性之外的。从传统东方观点来看，一位人文主义者对于生命和与之关联的事物有着深刻的感知，他会对整个世界有深刻的感应和责任感。他知道人类所有的努力——无论是在商业、艺术还是宗教上——都是宏伟宇宙的一部分。亚洲人文主义者并不自大，他们对于真我以及真我起源观点是扎根于生命最深层的自然中的，这赋予他们谦逊和感激的品格。他们将自我和意义的源头铭记于心。本书认为，18世纪后的西方人文主义在精神上是愚钝的，而亚洲的人文主义则是聪慧的。

仆人领袖的概念

虽然现在科技发达，物质生活丰富，但是人们的生活却缺少一些根本性的东西。对于某些人来讲，可能需要将工作转化成为一种使命。但是"使命"这个概念在现代商业社会的价值结构中根本不存在，也无法在更大的文化层面中找到。所以人们必须自己创造一些超越现有文化的东西，或者发掘一些我们早已丢失的东西。我们必须要为意义负责，创造新的方法接近它，发挥智慧运用它。一般来讲，可以通过改造和充分利用环境来达到。"仆人领袖"这个概念将服务和意义结合起来。它最先由美国人罗伯·格林里夫在 20 世纪 80 年代提出来。美国思想家将其定义为"具有深刻价值观，并且在其领导力中有意识地为这种价值观服务的领袖"。其中"深层的价值观"一般是指发挥个人潜力、给他人发挥空间、提供高质量的产品和服务以及永不停歇的奋斗。相比而言，传统的东方价值观的核心则是同情心、人文关怀、感激、为家庭和大众服务。

从东方价值观的角度来讲，仆人领袖是为了意义和价值的本源服务的。人类与宇宙的生命力量和谐共生，服务于这种力量，自然就是服务于他们的同伴、团体、社会或者其他。20 世纪中可以被称得上是仆人领袖的包括圣雄甘地、特蕾莎修女、南非总统曼德拉等。他们都是伟大的精神领袖，同时也是社会的服务者。每个人都举起了意义、道德和服务的大旗。

唱自己的歌

几年之前，我在第比利斯——被战火毁坏的格鲁吉亚首都——参加联合国教科文组织的会议。会议在一个现代西式风格的酒店里举行，和外边绵延的废墟、绝望的人群、遍地的饥荒形成鲜明的反差。一天夜里，我们被安排参观城市剧院，格鲁吉亚人民想要展示一下他们丰厚的文化——他们引以为豪的过去辉煌的遗迹。剧院里面天花板上有裂痕和被战火烧过的印记，墙上满目疮痍，石膏体已经被炮弹摧毁。唯一证明这家剧院曾经的艺术气息的是墙上发霉残缺的漆绘。灯光昏暗，因为损毁的发电机只能供给这样微弱的电力。没有空调，空气闷热。管弦乐队出现在舞台上，他们穿着皱巴巴的白衬衫，不合身的黑色西裤。演奏也同样无精打采，因为他们无法在这个低落的时刻奏出欢快的乐章。观众开始百无聊赖，很多人都睡着了。我感觉演出永无休止。突然间，剧场的气氛改变了。舞台中央走来了一位打扮优雅的歌手。朱拉普·苏吉拉瓦穿着褐色的晚礼服出现。身为一个备受爱戴的格鲁吉亚人，他现在是莫斯科著名的波修瓦剧院的领衔男高音，他应邀回到出生地向联合国教科文组织的客人表示敬意。他挺起胸膛，发出嘹亮的声音，从威尔第的咏叹调唱到传统的格鲁吉亚民族音乐。他歌唱的时候，整个剧院变得活跃，虽然声音是从他的嗓中传来，但却更像是从格鲁吉亚遥远的过去传来，从整个格鲁吉亚人民无意识的内心深处——牵挂格鲁吉亚的痛苦与悲剧现状的内心中传来。这像是一条通道，从其他空间里传来了能量和希望，激活了眼前了无生气的乐队和观众们。他的声音充满灵性，正是这种充满灵性的声音从深处将现实放入更加宽广和丰富的情境之中——这就是精神智慧的一个有力证明。对我来讲，那个格鲁吉亚男高音的表演象征了每一个人为了寻求意义都要做的事情——唱自己的歌。人们必须从内心的最深处，运用精神智慧才能企及真我的最深层，然后从那个源头咏唱，每一个人都有潜力唱出与众不同的歌。

运用魂商并非易事。人们已经忘记了很多有关意义的技巧。我们的文化在精神上的确是愚钝的——人们没有足够的语言来表达人类灵魂的丰盛。诸如"快乐""爱""同情"以及"优雅"这样的词汇已经从茫茫人海之中消失。运用魂商意味着发挥人类的想象力，转化人们的意识，发掘比我们所赖以生存的层次更深的自我。它要求人们在自我中发现一些超越自我的意义基础。这对于在当今环境下成长起来，已经习惯于《5 步成功法》的人们来说并非易事。

提问

我希望你已经初步理解了魂商的概念以及为什么需要魂商。人们生活在一个科学的时代，如果要证明魂商的存在，必须要说清魂商由何而来，在人脑中又是如何运转的。我们的头脑给予我们意义核心的智慧究竟是什么？它在人类的进化过程中又扮演了什么样的角色？为什么我们的大脑可以在限制范围之外工作？如何工作？我们如何将过去的经历重新放进新的情境，赋予新的意义？大脑中究竟有什么本质的东西可以让思想接近智慧，同时又不以某个个体为转移？人们的自利自我层可以触及某些更深层次的认知意味着什么？一句话，为什么我们大脑的生物学结构可以允许我们成为精神生物？

第三到第五章会提供一切相关的科学研究证据来回答这些问题。①

---

① 第三章"智商、情商和魂商"标题和大部分内容摘自 I. N. 马歇尔（I. N. Marshall），《三种思考》。

第三章

智商、情商和魂商

人类文化并非一成不变，它常常扑朔迷离，并且迅速地变迁，
所以人们通常无法依赖前 18 年设定好的方式按部就班地度过一生。
人们必须用第三种思考方式来打破旧规则，创造新规则。
所以人们在成长中大脑总在不断地重新设定。

　　人类智慧的秘密存在于基因密码中，也存在于这个星球整个的演化历史中。人类智慧又受到人们的日常经历、身心状态、饮食结构、人际关系等诸多因素的影响。但是从神经科学的角度来讲，一切与智慧有关的部分都通过大脑及体内的神经延伸而控制。一种神经组织赋予人类智商，使得人们可以理性地思考；另一种神经组织赋予人类情商，允许人们进行联结式的感情性思考；第三种神经组织让我们可以进行创造性深度思考，这是一种用以再建和转化的思维方式，也就是魂商。要对智商、情商和魂商有充分了解，关键是要明白大脑不同的思维系统和相应的神经组织。

　　大脑是人体最复杂的器官，它使人类认知外部世界和自身，赋予人类与外部世界相互作用的自由能力。它产生并且构建人们的思想，赋予人类情感，并且可以深思自己的灵魂，对自己的经历赋予合理的解释——也就是对于意义、价值的感知。大脑是记忆的仓库，操纵着人类的触觉、视觉、味觉和语言。它还控制着心跳、呼吸频率以及无数的身体功能。作为大脑外延的神经纤维延伸到身体的各部分，是人体连接内外的桥梁。大脑之所以具有这么强大功能，在于它结构复杂、灵活多变，而且可以自我组织。

大脑的无限发展能力

　　科学家习惯于认为大脑是"固定装配"的。按照这种理论，人出生之后的神经元数目就固定不变，并且按照固定方式联结。当年龄增长时，整个网络缓慢分裂。通常认为人类18岁左右达到神经系统的最优点，在这之后开始持续走下坡路。不过现在神经科学家对此有了更好的了解。的确，人们出生时的神经元数目一定，而且在一生中会损失掉很多。年长者比婴儿的神经元数目少。但是人的一生中也在不断生长新的神经关联——至少有这个能力。①

正是神经的关联赋予人类智慧。婴儿出生之时只有最基本的生存需要，所以只有控制呼吸、心跳、体温等方面的神经关联。但是婴儿无法看明白面孔或者物体，无法形成概念，也无法发出有意义的声音。这些能力都是随着时间慢慢发展出来的：随着对外部世界的体验不断加深，大脑发展出新的神经关联。经历越丰富，所形成的神经关联的迷宫就越复杂。这就是为什么可以通过经常性的不同刺激来提高孩子智力和身体协调能力——比如给他们看颜色鲜艳的物体，听不同的声音，嗅尝不同的味道，抚摸背部以及给予情感上的关怀。当生理越来越成熟的时候，新生的神经关联给孩子语言能力和概念形成能力。这些关联存储了记忆中有关事实和经历的部分，可以使人们有阅读、写作和一般学习能力。对于孩子来说神经关联的数量和复杂程度没有固定极限。

在一个复杂而稳定的文化体系中，大多数人长到 18 岁的时候，已经发育出足以提供之后生活所需的神经关联。于是人们会形成一个对世界以及运转方式的整体图景，而且也已经形成了特定的心理习惯、情感模式以及对外界的反应模式。总而言之，人们会有意无意地给自己设定一组稳定的价值体系——我们总会把一些事物当作习以为常。

但是人类文化并非一成不变，它常常扑朔迷离，并且迅速地变迁，所以人们通常无法依赖前 18 年设定好的方式按部就班地度过一生。人们必须应用第三种思考方式来打破旧规则，创造新规则。所以人们在成长中大脑总在不断地重新设定（具体的机制会在后面解释）。

---

① 参见杰拉尔德·埃德尔曼（Gerald Edelman），《明亮天空，明亮火焰》。

大脑简史

从本质上讲，大脑非常守旧。它复杂的结构承载着这个星球生命进化的漫长历史。大脑的结构就像老城里面无数扭曲的小道和混乱的老建筑一般。一层一层的老古董堆叠着，还有着居住者藏在里边。

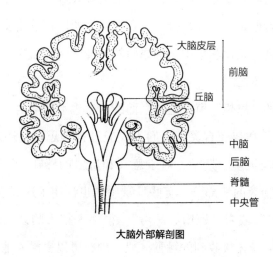

大脑外部解剖图

在最简单的大脑皮层部分——对应着这座古城最低级的考古层次——可以发现类似变形虫一类单细胞动物的结构。它们没有神经系统，所有感官协调和运动反射系统都存在于单个细胞中。当人类的白细胞清除垃圾或者吞噬细菌时，它在血管中的行为与变形虫在池塘中的行为很相像。简单的多细胞动物如水母仍然没有中央神经系统，但是却已经有了一套神经纤维网络。这套网络可以使不同细胞之间相互通讯，于是动物就可以进行协调反应。在人体中，内脏的神经细胞就形成了相似的网络来调节肌肉收缩以推动进食运动。进化更高级的动物则发展出更为复杂的中央神经系统。

哺乳动物在进化过程中产生了前脑——开始是低等哺乳动物产生了原始的前脑，主要依靠本能和情感来控制；然后产生了能进行复杂计算的大脑半球，以及被认作是思想载体的那些灰色小细胞。大脑皮层的前额叶最后演化而生，这部分对于理性自利至关重要。然而酗酒、使用镇静剂、高度心理压力、暴力情绪或者对于前脑的损伤都可能导致大脑朝着原始的冲动性行为特点退化。所以，虽然神经系统在演化过程中高度复杂化和集中化，原始的神经网络依然存在于人类的大脑以及整个身体之中。

所以西方的"思想"模型是不全面的。思想不完全是一个大脑过程，也不仅仅只和智商有关。人们不仅通过大脑思考，还要协同情感和身体，以及灵魂、期望、对于意义和价值的感知（就是魂商）。这些都是人们智慧的一部分。有些日常用语也证明了这一点，比如："他用勇气思考"或者"她用心思考"。很多人把大脑某一刻的"感觉"描述成如同身体接收到的触觉一般。现在可以更深入地了解一下支撑三种基本智慧的神经网络。首先来看神经元，它是一切神经过程的基础。

神经元

人类大脑里面有 100 亿到 1000 亿个神经元，有大约 100 多个种类，其中一半都存在于大脑最发达的部分——大脑皮层。典型神经元的形状如同一棵树，有"树根"（树突），一个细胞体（体细胞），"树干"（轴突）以及"树枝"（轴突末端）。每个神经元从树突部分接收感官信号，然后将这些刺激从树突向细胞体传送，信号强度减弱。如果刺激足够强，可以到达细胞体，那么立即沿着轴突产生一个电信号。电信号如同点燃的引线一样传送到轴突末端，于是轴突末端形成突触（就是神经元之间的连接体），将信号传递给相邻神经元的树突。一个皮质锥体神经元有 1000 到 10000 个突出和相邻的神经元联络，大部分都在大脑皮层附近。大多数的突触通过化学信号发生作用。一个神经元的轴突末端秘密地产生一滴叫作"神经递质"的化学物质，这种物质继而激发或者储存在相邻神经元的树突中。神经递质在大脑不同的系统中发生作用，影响着人们的心理状态。

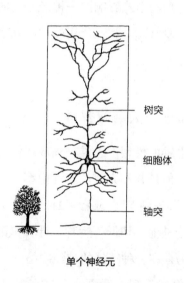

单个神经元

去甲肾上腺素可以激发整个大脑。如果分泌过少可以引发抑郁，分泌过多则导致狂躁。乙酰胆碱激发大脑皮层外层，并产生一种神经相干震荡，这是意识的神经基础。缺乏乙酰胆碱会干扰这种震荡，并被认为是导致阿尔茨海默症的原因。5- 羟色胺激发大脑中的特定体系，缺乏它可导致抑郁。著名的抗抑郁剂百忧解（盐酸氟西汀胶囊）可以提高 5- 羟色胺的分泌量。如果 5- 羟色胺和乙酰胆碱的分泌量都偏低，阿尔茨海默症会加剧。另一种广泛作用的神经递质多巴胺也会刺激大脑中的特定部位。特定脑区缺少多巴胺也会引起抑郁症。在另外一些脑区多巴胺过多会导致精神分裂。几乎一切具有神经功能的药物——镇静剂、兴奋剂、安眠药、抗抑郁剂等等都是通过作用于一种或多种神经递质来发挥作用的。神经元的作用是传递信号，就好像是电脑中的电子元件一样。动作电位对这种功能起到调节作用。但是树突本身的作用更为微妙。大多数树突受到刺激的时候并不产生动作电位。相反，它们以电场的形式影响同一神经元上的相邻部分或者相邻神经元，然后树突恢复常态。相互作用的神经元系统可以在树突中产生震荡的电场。

串联（序列）思维——大脑的智商

最简单的关于思维的模型把思维刻画成线性、有逻辑而无感情色彩的。这不能算错，但是并不完整。这种模型源自亚里士多德的形式逻辑和代数学："如果 X 则 Y"，或者 "2+2=4"。人类对于这种形式的思考非常在行，优于其他一切低等生物。计算机则更加出色。人脑可以做这些思考是因为存在一种特殊的神经网络——神经纤维束。

神经纤维束就像一系列电话电缆。一个或者一组神经元的轴突激发下一个或者下一组神经元的树突。电化学信号沿着相连的神经元传递，这些神经元被用于一个或者一组思维中。每一个神经元的状态只有开启和关闭两种。如果链条上任何一部分受到损伤或者处于关闭状态，那么整个链条都不会工作。就如同圣诞树上的灯一样，是串联的。

神经纤维束依据特定的程序相连，这种规则的设定是和正规逻辑一致的。于是学习成为被规则束缚的渐进程序。教学生背诵乘法表就是鼓励学生运用序列处理的方式给大脑编程。这就产生了一种适用于解决理性问题的思维方式。这种思维方式是目标驱动的，而且是以"如何做"思想来指引的。人们用这种思维来解决语法问题或者处理博弈，它是理性而且富有逻辑的："如果我做这件事，那么某种结果就会产生。"序列思维能力就是标准智商测试的内容。[1]

序列思维所需的神经纤维束以及神经回路在人体其他部位和低等动物中也可以看到。在脑干和脊髓中，程式固定的简单序列计算是膝跳反射、体温和血压控制等简单功能实现的基础。这时，序列神经网络的作用如同中央供暖系统的温控装置，它采用精准的点对点连接方式。比如，有特定的神经纤维束将视网膜上的每一个点连接到丘脑中对应的一个点上，然后又点对点地关联到主要的视觉大脑皮层，再沿着链条一直走下来，形成视觉处理系统。其他的知觉如嗅觉、听觉和触觉则依靠相应神经纤维束的作用。很多低等动物的本能行为也可以用序列处理来解释。本能可以看作一种固定程序，比如鸭和其他禽类的"印刻"——刚孵出的幼禽把第一个看到的移动物认定为母亲。与之类似，一些过分理性的人（很多官僚主义者）也喜欢执着于固定的程式，他们很难融通，也很难学会新的规则。

---

[1] 这是在任何神经学教材中都有的标准信息。比如参见 A. C. 盖顿（A. C. Guyton），《神经系统的结构和功能》。

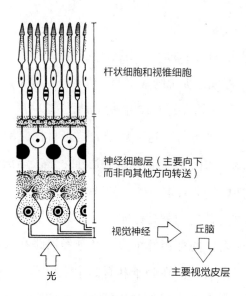

杆状细胞和视锥细胞

神经细胞层（主要向下
而非向其他方向转送）

视觉神经 ⇨ 丘脑

⇩

主要视觉皮层

光

配图（P45页）

序列思维和电脑的序列处理非常相似。事实上，由于这种相似性，认知科学试图用计算机处理语言描述人类的思想。[①]在计算机中，数据是由一列比特流表示的，就像磁带上的点来表示信息。这些信息是依据特定的"规则"（程序）来处理的。但是计算机无法自己思考。它们无法质疑是否在遵循一个好的程序，是否还有更好的程序。而且它们也无法对任何程序不包含的数据进行处理——它们无法创造性地学习。而人类的思考则需要一个更加宽泛的模型，包含多种多样的可能性。这些我们稍后讨论，读者可以看到不同的神经系统如何在大脑中互相合作。序列思考（或者说智商类思考）是我们日常经常用到的一种思考形式。比如心算就是一个简单的例子，再比如分析

---

① 参见例如 M. G. 波顿（M. G. Bolden），《人脑计算机模型》，或者马文·明斯基（Marvin Minsky）作品。

一个计划的时候，也要将情景拆成最简单的逻辑单元，然后预测可能发生的因果事件。所有的分析都采用博弈和渐进的基本原理。在商业界，"目标管理"提倡先设定一个清晰的目标，然后作出一系列符合逻辑的行为来实现。计算机在下国际象棋的时候，会分析每一步所产生的所有可能情况，然后决定怎么步步为营。序列思维的优点在于精准和可靠。这跟牛顿科学的思考方式相同，都是线性和确定的：B 总是跟随 A，要么开要么关，不是黑就是白。在给定规则和目标的情况下，它非常有效率。但是，这种形式思考却忽略了细微的模糊和不确定——一旦目标变动，序列思维就无法进行。因为，你不能要求电脑处理一个不在程序范围内的事情。美国哲学家詹姆士·卡斯把序列思考比喻成一个"有限游戏"。[1] 如果人们希望拓展视野，以寻求新的可能性，序列思考就没有用处了。所以现在来看一下另外两种神经体系，它们与序列处理相继进行，也大大增强了序列思考的能力。

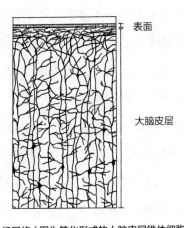

表面

大脑皮层

神经网络（图为简化形式的大脑皮层锥体细胞）

---

① 参见詹姆士·卡斯（James Carse），《有限和无限博弈》。

联想思维——大脑的情商

这种思维帮助人们在事物之间形成联系：比如饥饿和食物，家庭和舒适，母亲和爱，叫唤的狗和危险，红颜色和兴奋或危险。联想思维强调的是人的情感智商——一种情绪和另一种情绪之间、情绪和身体之间、情绪和环境之间的关联。同时它还让人认知面孔和味道，学习骑车之类的身体技巧。这是一种用心和身体思考的思维方式。所以通常也被称为"情感智商"或"身体智商"。这种智商被勤奋而有天赋的运动员或钢琴师发挥到了极致。

大脑中用来联想思维的结构是神经网络。众多包含高达 10 万神经元的神经束组成这样的网络，而每一个神经元又可能和多达上千个其他的神经元相连。与神经纤维束的精准连接不同，在神经网络中，每一个神经元同时作用于多个其他神经元。最简单的联想思维是通过条件反射完成的，著名的例子就是俄罗斯科学家巴甫洛夫对狗进行的实验：每次给狗喂食都摇铃铛，重复多次之后，狗一听到铃铛响就流口水。神经网络可以让人学会比这复杂得多的联想模式。习得信号输入要依靠神经网络里的一些元素，而行为信号输出则依靠另外一些元素，还有一些元素在两者之间起到调节的作用。元素之间的内部联系是通过经验来修正的，所以系统才有了学习的能力。大脑中的神经网络与遍布全身的神经网络相连。在脑干（大脑最古老的一部分）中的神经网络为网状结构，负责处理进入大脑的感官信息和相关的运动神经指令，比如行走或吞咽。这些指令从脑的高级部分中传达出来，而在脑的低级部分或者骨髓中协调。它们也负责控制睡眠生物钟，比如一位母亲可能在很大的交通噪音下都能睡着，而她孩子发出轻微的声响就可以把她吵醒。正是网状结构负责处理这种唤起反应。

　　网状结构最复杂的部分是丘脑网状结构，它每次只能唤起大脑中的一部分。这就是为何人们可以有选择地分配注意力。序列神经纤维束由于被特定的程序控制着，所以不能进行学习。神经网络则不同，它可以与过去经验沟通，进而重新联网。每次观察到一种模式，认知这种模式的神经网络都会增强，直到这种认知变成自动的行为。如果模式更改，感知能力也会慢慢随之更改，直到大脑重新联网以适应新的模式。神经网络中神经元之间的连接可以有不同的强度，任何一个元素都企图刺激和占领与之相连的其他元素。学习行为会更改这些连接之间的强度：那些同时产生冲动的神经元素倾向于连接得更紧密①。

　　比如，我们刚开始学开车时候，手脚的每一个动作都是经过思考，刻意做出来的，因而反应很迟钝。但是随着练习次数加多，手脚和大脑的协调被深刻地嵌入大脑的神经网络中，最终几乎不用大脑思考怎么动作，就能熟练驾驶车辆了。所有联想学习都是通过尝试错误完成的。小鼠学习走迷宫的时候并不会遵循规则。它只是不断练习，如果一次失败，就不产生神经连接；如果成功，大脑则加强这种神经连接。这种学习过程主要依赖于经验：某个方法成功的次数多，下一次人们就倾向于运用同样的方法。所以联想学习也可以叫作"惯例式学习"。神经网络与人们的知识能力或概念阐释能力无关。它们只是单纯地嵌入经验之中。人们学习某种技能，但是并不清楚自己是用什么规则来学习的，更不清楚自己是如何做到的，就像人们不是通过阅

---

① 参见 D. E. 鲁梅尔哈特和 J. L. 麦克兰德（D. E. Rumelhart and J. L. Mclelland），《并行分部进程》。

读手册来学习骑自行车的。人们发展自己的技能可能仅仅是因为从中获得成就感，或者帮助自己规避痛苦。通过联想神经网络，我们可以看到情感是如何运作，如何与联想模式相适应的。

脑边缘系统是大脑控制情感的中央部位。它同时有序列神经束和联想式神经网络。有些情感是内生的，比如对蛇的恐惧可能就是基于脑边缘系统的序列神经连接的。但是大多数情感都是通过尝试错误带来的：一旦人在特定刺激下感到恐惧，下一次就很难做出其他反应。很多心理治疗的原理就是打破那些不合适的情感联想习惯。另外，情感不容易诉诸语言。人们往往难以描述自己的某种情绪。所以人们不可能总是"理性"地遵守规则。相反，人会对不确定境况做出不确定的反应。因此联想式智慧可以处理模棱两可的情况，但是它也是"近似估计"的。它更加有弹性，但是相比序列思考不那么精确。情感比理性可以解释更多的经验，但是不如理性精确。

另外，很多情感反应也会进入长期记忆系统里。人具有一个缓慢而长期的记忆系统，它靠遍布整个大脑的联想式神经网络。在一次性记忆恶化时候，这种长期记忆系统可以不断学习新事物，比如身体技能、记忆面孔等。一次性记忆通过大脑中一个名叫海马状突起的神经连接完成，这个部位会随着年龄而老化。所以，虽然老年人很难学习需要新的序列连接的技能，但是他们却可以很好地学习新的运动技能，比如游泳或者死记硬背一首歌。

除了序列计算机，还有一种进行并行式计算的计算机，模仿的就是大脑的联想式运作。如同大脑一样，这种计算机包含大量复杂而相互关联的计算因子，元素之间的连接会随着激发次数的增加而加强，所以计算机会慢慢地"学会"新的行为。序列计算机就永远无法学习，只能被重新编程。而且一旦通讯链条中的某一环出现阻碍，它就会无法工作。相比而言，并行计算机更能承受损伤。由于它用平行连接取代相邻连接，即使出现微小损坏，仍然可以正常工作。同样道理，大脑的平行神经系统也有很好的抗损伤特性，这才可以容忍每天有那么多的脑细胞死去。串行处理器有一种"语言"，也就是一套用来计算的符号和公式。在这方面并行处理器显得"迟钝"一些。它们通过试错方式来运行。如今，这样的电脑可以用来识别笔记、阅读邮编、分辨气味和面孔。它们还可以从不完整的外貌描述推测整个原始图像。由于联想式计算模式思考可以通过经验学习，即使没有经验也可以"摸着石头过河"。所以，它可以处理模棱两可的情况。比如辨认用上百万种不同笔迹书写的同一邮编。这种思考方式的缺点是学习过程慢、不精确，而且倾向于被习惯和传统束缚。人们可以学习一种技巧或者感情，但是需要花费一定的时间和精力。由于联想式思考是惯例式的，这种学习过程也很难与他人分享。你不可能写出一个公式告诉别人怎么做，因为没有任何两个大脑具有相同的神经关联。相似地，没有任何两个人会有相同的情感生活。一个人可以理解他人的情感，可以移情，但是永远不可能拥有他人的情感。

智商和情商之间的合作

人类大脑比任何计算机都复杂得多。两者之间有明显的不同：大脑是血肉做成，而计算机是用芯片做的；大脑经历了几百万年的复杂进化，而计算机是人类为完成特定目标而设计的。还有一个运作方式的重大差异：大脑不存在孤立的智力模块，不同思维系统之间总是互相合作、相互促进，带给人类两种相互依存的智慧——智商和情商。1993 年，西摩尔和诺伍德对国际象棋手开展了一项实验，目的是看他们使用什么思考方式作决策[①]。他们向专家级与业余级两组棋手出示一系列的棋局，有的很常见，有的毫无意义。两个组都被要求重新复制所看到的棋局。结果，专家级棋手更擅长复制常见棋局，两组在复制荒谬的棋局时表现同样不好。由此证明，专家在复制常见棋局的时候，综合运用了联想思维和序列思维两种方式，而水平低的棋手不论任何情况都只会运用序列思考方式。研究发现，一位国际象棋大师可以凭多年的经验，在头脑中建立起大约五万种常见棋局。所以在实际下棋时，他不用进行序列计算来思索每一种落子方案的可行性。他会立刻决断出最可能的走法，然后把序列分析全部都倾注在这种走法上。一个水平低的棋手，相比而言，只能对所有可能的走法一一分析，于是浪费了时间和精力。

从最一般的层面上来讲，心理学家一直认为，人类大脑中有一套高容量的联想式处理器，另外还有一套较小容量的序列处理器，后者有选择地专注于联想式处理器中的某一部分，就好比是探照灯从昏暗的背景中寻找一些东西。[②]联想式思维没有被照到的部分会被暂时忽略，当然它依然有可能产生潜意识（就像潜意识广告）。比如很多人都能几秒钟内记得一个 7 位数电话号码，如果不断重复这个号码，记忆持续时间就会更长些；但是如果注意力分散到别的地方，那么人最终会忘记这个号码。这种短期记忆已经得到大量实验的证明。工作记

① 参见 J. 西摩尔（J. Seymour）和 D. 诺伍德（D. Norwood），《一生的博弈》。
② 参见安·特瑞斯曼（Ann Treisman），《视觉处理中的特点和对象》。

忆是人类序列思维的一个关键特征。在任何给定的序列作业中——比如做饭、读书或者推理——工作记忆提供给人们一个脑海中的便签，提醒人们处于一个什么样的阶段。如果在这种序列思考过程中，头脑中某个分岔路口呈现出很多的选择，工作记忆可以保证人们在足够长的时间内记得这些可能性，以便从中做出选择。这种记忆方式中，所有可行方案都被主体完全感知，直到主体最后做出选择。这是前额叶大脑皮层的一个功能。前额叶受到损伤的人，比如阿尔茨海默病患、中风或者一些脑外伤患者，他们就会在保持注意力、形成概念或灵活运用概念方面出现困难。如果人们意识中只存在一种可能性，人的心理反应就会变成自动的，注意力就下降，意识也慢慢变得迟钝。因此人们时常渴望新的经历和挑战——一些需要全新意识的东西。所以说，序列思考和联想思考合作可以提高智力。

这方面还有另一个例证：安东尼奥·达马西奥博士在他著名的《笛卡尔的错误》一书中提到一个研究：一个名叫艾略特的病人脑部长了肿瘤，导致前额叶大脑皮层受到损害，除此之外，大脑中其他负责智商的区域都没有受到肿瘤影响，他的智商测试分数一直很高，记忆也很好，一切理性技能和知识都完好无损。但是这个损伤却导致了"平淡"的情感反应，继而影响到他理性决策能力。[1] 就是说，智商和情商之间的协调被破坏，导致这个人失去了他的"常识判断力"。以上两个例子都说明，序列思维和联想思维之间，智商和情商之间存在着协作机制。这可以部分解释人类的思维模型。但是，仍然有一些明显的人类心理能力尚未得到很好的解释。大脑显然存在某种更深层

---

[1] 参见安东尼奥·达马西奥（Antonio Damasio），《笛卡尔的错误》，第 34 ~ 51 页。

的智慧，而我们现在的科学还没有窥到冰山一角。下边我们来详细探究一下这个神秘的智慧。

统一思维——大脑的魂商

计算机既可以模拟人的序列思维，也可以模拟联想思维。但是至今为止，仍然有一些人类心理活动还没有被任何机器模仿——甚至想都没法想。这些能力就是本书所说的"魂商"——基于情景的、提供意义和变化能力的智力。

拥有意识，这是人与机器的重大差异。人可以感知世界，对事物做出笑或哭的反应。尽管学习规则把人变得程序化，种种联想让人形成难以改变的习惯，但是人仍然拥有自由意志，只要他愿意付出努力去改变规则，打破习惯。计算机只能做规则范围内的游戏，人类却可以做无限游戏，可以更改目标，可以在边界上做出行为。

这都是因为，人具有一种创造性的思考方式。序列和联想思维系统让人理解现有规则，第三种思维系统却让人创造规则。另外，人类是追求意义的动物。给定计算机一个指令时，它不会去问"为什么我要做这件事"。人却会经常问这样的问题，而且一旦拥有满意的答案，他们的工作会更有效率。计算机可以控制语法顺序，但是只有人才能理解这些语法顺序的意义。

这些人类特有能力都有一个共同点，那就是在所掌握的情况下有一种统一感。理解从本质来讲是整体性的，即可以把握总体的情境。精神分裂者缺少的正是这种基于情境的领悟力。他们无法统一自己的经验，也就无法对其做出恰当的反应。本书中，这种思维被称为"统一思维"。这种统一的能力是意识的关键特性，也是理解魂商的基础。

人脑中的神经元是按照序列链条互相连接的。但是没有一种物理连接可以把全部的神经元都连接起来。从物理角度讲，大脑包含大量独立的"专门系统"，有的负责处理颜色，有的负责处理声音，有的负责处理触觉，等等。当你环顾自己的办公室，所有这些专门系统就会收到上百万个感官数据碎片的信息——视觉、听觉、触觉、热觉等等。但是你总可以把自己的工作室看成一个整体，因为人有一个统一的感知区域。神经学、心理学和哲学将之称为"绑定"。人类大脑如何将不相干的感官经验绑定在一起，至今仍然是个谜题。

进一步来讲，人们环顾房间的时候，还可以分辨里面的不同物体——桌子、电脑、CD机、墙上的画、手边的咖啡。这些是如何分辨的？大脑中并没有中央CD机神经元，也没有咖啡杯神经模型。这是一个更深层绑定问题。目前，很多学者的研究已经部分地揭开了谜底。

沃尔夫·辛格和查尔斯·格雷在法兰克福领导了一个研究团队，他们将电极连接到哺乳动物大脑中不同部位的神经元。神经元一旦发出电信号，就可以被脑动电流扫描器读取，而且这些信号以不同的频率振动。辛格的团队发现，当人们观察一个物体例如咖啡杯的时候，大脑中定位部位中参与感知活动的神经元发生共振，振动频率在35～45赫兹之间（每秒钟35～45圈）。这种同步振动将人的不同感官反应统一到咖啡杯这一物件上：它的形状、颜色、质地等等，然后使人体验到一个确定的物体形象。[1]

---

[1] 参见格雷（C. M. Gray）和辛格（W. Singer），《特定刺激在猫视觉皮层朝向柱中的神经共振》，《视觉特征整合以及时间相关假定》。

大脑感知 CD 机的过程也是如此。这个过程也被发现是共振的，只不过与观察咖啡杯时的共振频率稍有不同（不过仍然在 35 ~ 45 赫兹的频率范围内）。观察其他物体时也是同样的过程。

至今为止，对于单一物品统一感知的研究还停留在辛格研究的阶段。但是神经学研究发现，沉思可以提升人的感官洞察力。比如佛教的冥想或瑜伽可以降低血压，减缓新陈代谢。有人通过脑电图（EEG）对于沉思者脑波进行了研究。[①] 而且不像感知咖啡杯和 CD 机，人类沉思者本身可以描述他们的经历。

在东方，进行沉思的人首先在一间安静的房间里静坐 20 分钟以上。他（或她）将注意力集中在呼吸、声响（比如念咒）或者一件物体（比如烛焰）上。因为没有其它干扰心思的东西，沉思者得以放松下来。这些都记录在脑电图模式上。

接着，沉思者会进入一个特别的意识阶段。他（或她）的意识空洞却能觉察一些很深层的神秘东西。脑电图研究发现，这个阶段，沉思者大脑表现出更和谐的脑波，并且在大脑的很大区域里以特定频率共振（包括 40 赫兹）。按照沉思者本人的描述，伴随着统一的神经振动，这时的意识进入到一个统一体。

1990 年，一种叫"磁体脑照相技术"的技术发展起来，它提供了更好的证据证明 40 赫兹神经共振的内涵：

○ 调解大脑串行、并行神经系统间的有意识的信息处理。这种调节体现在国际象棋实验以及达马西奥著作解释的智商—情商关联部分。

---

① 一个很好的例子是本森（H. Benson），《放松地回应》，同时也可参考 J. P. 班奎特（J. P. Banquet），《EEG 沉思试验的光谱分析》。

○ 很可能是统一意识乃至整个意识的神经基础，包括对物体的感知，对意义的理解以及重组经历的能力。

○ 是更高等统一智慧的神经基础——也就是本书称为"魂商"的东西。

三种心理过程

按照弗洛伊德的描述，一共有两种筛选和整合心理信息的基本过程：

○ 第一，初级过程（或称为"本我"），基本上是无意识的，如睡眠、做梦、口误、被压抑的记忆等等，是一种并行式思维方法。

○ 第二，次级过程（或称为"自我"），是有意识、有逻辑的理性过程，是一种序列式思维方法。

○ 从神经学角度来讲，这两种过程是并行或关联思维（初级过程）以及序列思维（次级过程）所支撑的。

○ 但是大脑结构却显示，还存在第三种思考方式——统一思考。这就是"第三级过程"。

宗教和心理方面的学者都描述过这三种心理过程。比如肯·威尔伯称它们为"前人格"（本能）、"人格"（自我）以及"超人格"（超越自利自我）。[1] 这三种过程恰好和大脑的三种神经思维结构对应，进而可以与三种智慧相对应。下边这个简单的图表描绘了人们的三层心理过程。每一个同心圆都代表一个不同的心理过程。本书的第三部分"自我的新模型"中将会深入讨论这个观点。

---

[1] 肯·威尔伯（Ken Wilber），《眼对眼》。

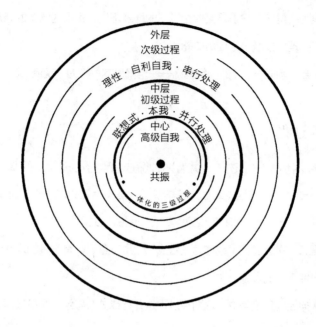

三个同心圆每一个都代表一个不同的心理过程

理性的智商层在西方文化中一直被过度频繁地强调着。为了提高工作效率，文档、时间表以及各种计划安排充斥着整个社会。但是在私人生活里，人们通常可以放松地进入一种理性—感性的混合模式。这时候，自我的不同侧面都得以表达。

相对而言，人的情感更加联想化，与自我的中层结构相连。这之外是深度睡眠，也包括深度沉思状态。在这个深度魂商中心里，表面现象整合进广阔的情境里面。第三级过程与灵魂和最广泛意义上的灵魂智商相关。

超思维，第三级过程以及魂商

通过最简单的神经学分析，我们已经阐明，魂商是一种重塑人类经验的能力，也就是转变人对事物的理解的能力。有一种叫作超空间（多维空间）的数学理论，可以帮助理解这一点。超空间理论的核心是认为存在三维之外的维度，比如 4 维、5 维，甚至 n 维空间。每一个新维度都提供了比原来更深入的视角。物理学家加来道雄在他的《多维空间》一书中提到一个鱼缸里的金鱼的例子。从金鱼的角度来讲，它们根本不知道自己是在一个鱼缸里，也不知道这只鱼缸装了人们称为水的液体。这就是它们的世界，它们想当然地这么认为。

但是突然有一天，其中一只金鱼纵身一跃跳出了水面。"啊！"它叫道，"原来我是从这来的！"它看见了鱼缸和它的同类，它也看见了原来从来没意识到的水，它明白了自己实际上是从鱼缸和水中跳出来的。于是金鱼知道了在它们的世界之外还有一个更大的世界，有不同于水的其他介质。于是它重新情境化了它原始的处境，转换了它对现实的观点。

魂商可以帮助人们进行类似的重新情境化。每当人们重新观察这个世界的时候，总能发现很多新的变化，继而从各个层面触及和改变人的生活。

索甲仁波切在《西藏生死书》中描绘了他在瞬间顿悟时捕捉到某种真正本质，这个经历带给他很多深层意识影响，也给了他很多巨大的暗示。

我们的生命就像飞机在乌云和气流中飞行，突然呼啸冲上云霄，进入了一片朗朗乾坤，对于融入这种新维度，我们由衷感到自由的欢欣。……当这种新感知变得越来越清晰，直到稳固无疑的时候，就出现了《奥义书》（古印度教著作）所称的"意识的转折点"："如同新生婴孩降临世界一样，也可以把它叫作复活。"[1]

这种复活的感觉就是魂商的一种体现。它不仅仅是一种心理状态，而且是一种感知和存在方式。它彻底改变了人的领悟力，乃至改变了人的整个生命。

---

[1] 索甲仁波切（Sogyal Rinpoche），《西藏生死书》，第40页。

第四章

超越物质世界——关于40赫兹神经共振

这种共振统一人们的感知。
在神经层面上，这种统一被刻画成个体神经元活动的先验维度。
如果没有了它，世界就变成了毫无意义的碎片。

感官刺激在认知中绝不是唯一的角色。相反，我们更支持这种观点：神经系统本质上是一个封闭的系统，内部各种相关联的神经元产生协同振动。这种共振状态决定了感官刺激会引发怎么样的计算过程。[1]

——丹尼斯·佩尔和鲁道夫·李纳斯

这本书对两千年来西方哲学对人类心理的认识提出了挑战，同时也挑战了过去几百年来认知科学家和神经生物学家的结论。从柏拉图时代开始，人们就一直认为意识是"物质的意识"。人们总是被教导说，心理是一块空白的石板，外界刺激在上边描绘图案。17 世纪哲学家约翰·洛克也说，一切思想来自知觉和反射。头脑本身没有任何固有个性[2]。

另一个相似观点是弗兰西斯·克里克的，他还因此获得了 1994 年诺贝尔奖。他提出"惊讶假设"："人的欢乐和悲伤、记忆和野心以及人的自由意志实际上是大量神经细胞和相关分子的行为。"[3] 所以他认为，只有行为是重要的，意识不过是行为的副产物，因而可以忽略。

最近，佩尔和李纳斯研究了 40 赫兹大脑共振，结论恰恰相反：意识是大脑的本质属性，意识本身就是独立存在的，可以被外界的刺激模块化（被赋予特定的形态和模式）。佩尔和李纳斯的研究结果和

---

[1] 丹尼斯·佩尔（Denis Pare）和鲁道夫·李纳斯（Rodolfo Llinas），《意识和前意识过程——从神经生理学睡眠—行走循化的角度观察》。

[2] 约翰·洛克（John Locke），《关于人类理解力的随笔》。

[3] 弗兰西斯·克里克（Francis Crick），《惊讶假设》，第 3 页。

两千年来的佛学思想家对意识的认识遥相呼应，也跟西方唯心主义思想家康德、黑格尔和叔本华的观点相一致。他们都相信，意识是一种先验过程，意识让人们更加深入和丰富地接触现实，远远超过了仅靠一些神经细胞的连接和振动所带来的效果。

先验性的神经基础

先验性可能是灵魂最本质的特性了。神学家所谓的"先验"一般是指超越物质世界的事物。本书中，我所说的"先验"是指更朴实、更基础的事物。我认为，超越物质就是使人超越现在，超越眼下的欢乐与痛苦。它可以带领人们超越知识和经验的局限，进入更广阔的情境，在这里，人们体验到自身和环境是多么地广阔和独特。很多经历过的人把它称为"上帝"，有些称为神秘经历，有些人感觉那就像是美丽的花朵、孩子的微笑或者一段美妙的音乐。

据心理学家称，超过70%的人有过这种先验性的经历①。所以，人们不愿接受克里克的惊讶假设。神经细胞的行为太有限了，人类却的确经历了无限的可能。可以运用富含意义的经历，这就是魂商的基础。很多人都希望对其有一个科学的理解。

佩尔和李纳斯提出的神经振动状态就像是沉静而透明的大海上掀起了波浪。海水存在于每一道波浪中，也是每一道波浪的基本组成部分。但是视觉上，人们只会看到波浪而不会看到海水。如果人是这些波浪的话，那么就只能看到彼此而看不到整个海洋。宇宙也可以被看成是一个静止透明的能量海洋，其中所有的事物都是波浪。这就是当

---

① 迈克尔·杰克逊（Michael Jackson），《良性精神分裂？——灵魂经历的案例》。

前最为精细的物理理论——量子场理论所描述的宇宙。

根据这个理论，宇宙是由不同激发态的能量组成的。人、桌子、大树、星尘等都是在静止能量背景（量子真空）下的动态能量形式，因此无法被直接观察或者测量。任何这样的特性都是一种真空的激发态（波）而非真空本身（海洋）。所以，量子真空对于它的特性来讲是先验的，是超越存在物本身的。但是存在物本身对于先验维度也是有些敏感的，就像物理学所称的"卡西米尔效应"：当两种精神板层放置得很近的时候，量子真空会产生微妙的压力，导致它们相互吸引。

量子真空刻画的先验性与一些古老人文文献里面描述的"空"很类似。《道德经》中提到：

> 视之不见 名曰夷
>
> 听之不闻 名曰希
>
> 搏之不得 名曰微
>
> 此三者不可致诘 故混而为一
>
> 其上不皦 其下不昧
>
> 绳绳兮不可名 复归于无物
>
> 是谓 无状之状 无物之象 是谓恍惚 ①

---

① 看它是看不见的，叫作"夷"；听它是听不到的，叫作"希"；抓它是抓不住的，叫作"微"。这三方面都不可以去追问，所以是浑然一体的。它上面不明亮，下面也不昏暗，绵绵不断而不可名状，又回归到无形无物之中。这就叫作没有形状的形状、没有实物的形象，这就叫作"恍惚"。

尽管东方先哲觉得对"空"无法名状，也无法明确地阐释"道"，但他们的确感受到了"空"的存在。这是物理学"卡西米尔效应"的精神版本。

量子真空的激发状态就像吉他被拨动了弦，各部分开始发生共振。大脑的神经元受到刺激也会发生振动。沃尔夫·辛格和查尔斯·格雷关于"捆绑问题"的研究表明，如果观察到同样的物体，大脑的神经元就会按照相似频率（40赫兹左右）同时振动。这种共振统一人们的感知。在神经层面上，这种统一被刻画成为个体神经元活动的先验维度。如果没有了它，世界就变成了毫无意义的碎片。

这种共振是背景意识的海洋，而个体的感知就是海洋上面的波浪。每一个思想对立于更广阔的振动背景。

神经振动的整体图景

脑电图（EEG）输出的脑电波图像证明，大脑里存在着各种不同频率的振动波。神经科学家已经可以将特定的脑电波形式和特定级别的大脑活动联系起来（见表格）。

所有的神经振动是和大脑中的电场相联系的。许多树突一致振动而未激发时就产生电场。这种振动不同于沿着神经轴突快速传递的动作电位。这是另一种大脑与自身交流的方法。

至今，神经振动的作用、本质、程度仍然未被了解，因为大脑的电场十分微弱，而脑磁图描记器是唯一的观察设备。当脑电图描记器放置在人脑头皮上时，颅骨成为电子探针和脑内电场之间的屏障。（只有外科手术才能把探针放在大脑里面。）所以描记器的读数十分粗略有限。辛格和格雷的研究工作也仅仅限于用脑电图描记器探针测定特定神经元振动，观察很有限，无法看到上百个点同时共振是怎样的一个图景。尽管他们得出一些有趣的结果，但是还不足以解释整个脑部活动，也不足以描绘先验认知的维度。直到 1994 年，弗兰西斯·克里克依然对于 40 赫兹振动的重要意义嗤之以鼻。他说："总而言之，很难相信我们感知如此真切的世界真的只依靠这些嘈杂模糊的神经元的活动。"[1]

不同脑电波图形的意义

类型	速度	何时 / 何处主要被观察到	意味着什么
Delta	0.5~3.5 赫兹	深度睡眠或者昏迷，在婴儿的发闹钟也很普遍	大脑未工作
Theta	2.3~7 赫兹	有梦睡眠，在 3~6 岁孩童大脑中	片段性信息从大脑的一个区域传递到另一个区域——从海马体到大脑皮层中更加持久的记忆储存体
Alpha	7~13 赫兹	成人或者 7~14 儿童	放松的轻度警觉
Beta	13~30 赫兹	成人	集中的大脑活动
Gamma	c. 40 赫兹	有意识大脑，或者清醒，或者处于有梦睡眠状态	被辛格和格雷归结为感知性特征捆绑
	c. 200 赫兹	最近在海马体中发现	作用目前未知

脑磁描记法——MEG

脑磁描记法是一种在旧式脑电图基础上改进的技术。脑电图测量

---

[1] 弗兰西斯·克里克（Francis Crick），《惊讶假设》，第 246 页。

大脑产生的电效应，而脑磁图测量的是相关联的磁场效应。因为磁场是不受干扰的，这样一来，就不存在大脑颅骨屏蔽电场的问题了。脑磁描记法技术在 20 世纪 80 年代兴起，最初一次只能测定大脑的很小一片区域。随着 20 世纪 90 年代末期全脑脑磁扫描技术的发展，神经科学家终于可以观测整个大脑以及大脑深部的神经振动行为[①]。

至今为止，脑磁研究已经给人们提供了大量大脑复杂振动的信息。为了寻找与意识和魂商相关的神经行为，我们现在只关注有关 40 赫兹振动的研究。

40 赫兹神经振动

鲁道夫·李纳斯和他在纽约大学医学院的同事们对 40 赫兹全脑共振作了大量深入研究。李纳斯一直围绕着"头脑—身体问题"开展工作。他说："作为一个神经科学家，可以研究的最重要的问题莫过于大脑和心智之间互相联系的方式了。"[②]他的工作发展了辛格和格雷的神经共振研究成果[③]。

脑磁描记法研究表明，相对快速的 40 赫兹振动存在于全脑

---

① 关于插图和脑磁描记法技术的解释，参见丽塔·哈里（Riitta Hari）和丽塔·萨尔梅林（Riita Salmelin），《人类大脑皮层振动：通过颅骨观察的神经电磁学观点》。

② 鲁道夫·李纳斯，《灵魂作为大脑功能状态》中科林·布莱克默（Colin Blakemore）和苏珊·格林菲尔德（Susan Greenfield）版本，"灵魂波动"，第399 页。

③ 有一队法国科学家也发表了一本很有趣的关于"捆绑问题"40 赫兹共振和意识的著作。参见 J. E. 德斯曼特（J. E. Desmedt）和托姆贝格（C. Tomberg），《神经科学简报》，1994 年。

的不同系统。在脑外围，40 赫兹振动在视网膜①和嗅球②中被发现。同时丘脑的网状核以及大脑新皮层中也发现了 40 赫兹振动的踪迹。事实上，40 赫兹振动覆盖了整个大脑皮层，以波的形式从前向后传播。在大脑皮层部分，40 赫兹振动分为两类，最外层的振动如同平稳流淌的小溪，它可以让知觉产生时空黏合；大脑皮层深处的振动则如同池塘中的涟漪，这种局部化的振动使得知觉有了具体内容③。

这两种振动都超越了任何局部神经元的能力。因为它们是在整个大脑范围内对认知过程进行沟通和比较。换句话说，它们将单个激发的神经元活动放入到更广阔、更富于意义的情境中（魂商的初始）。这些振动在所有哺乳动物的大脑中都存在，甚至一些鸟类和蝗虫也有。尽管我们还不了解这种振动对于它们来讲是否具有同样的意义。

李纳斯的新近研究表明，无论人类在清醒的警觉阶段还是在睡眠或者 REM（快速眼动阶段，有可能伴随梦境）睡眠阶段，40 赫兹振动都有可能发生。这一发现对于理解人类魂商的神经基础颇具深意。

首先，他的研究表明了，大脑意识发生是和 40 赫兹神经振动行为相关的。如果大脑进入了昏迷或者麻痹状态，这种振动就会消失；

---

① G. M. 高斯（G. M. Ghose）和 R. D. 弗里曼（R. D. Freeman），《神经生理学期刊》。

② S. L. 布莱斯勒（S. L. Bressler）和 W. J. 弗里曼（W. J. Freeman），《脑电图和临床神经生理学》。

③ 鲁道夫·李纳斯和尤斯·莱巴里（Urs Ribary），《40 赫兹神经共振刻画的人类睡梦状态》。

在深度无梦睡眠中也非常微弱。其次，他证明了梦境和快速眼动睡眠也会发生40赫兹振动，尽管这时大脑对外界刺激并不敏感。由此可见，清醒大脑和梦境大脑之间的区别仅在于大脑是否对外界刺激敏感[1]。梦境大脑也会脱离肌肉活动和自我/理性思考。这个发现使得李纳斯和他的同事得出结论：意识绝不是简单的感官经验副产物，意识是大脑的内在状态。

人们做梦的时候，大脑关闭了与外界的联系，处理自己的内部活动。李纳斯认为，白日梦、发呆以及幻觉状态也是一样——头脑在处理自己内部的进程而非外部世界。

那么思想是从哪里来的？人们是怎么思考意义的？ 40赫兹振动是如何在大脑被引发的？要回答这些问题，必须先要明白大脑中的丘脑组织所扮演的角色。

丘脑是古老前脑的一部分，主要处理进入大脑的感官刺激，有些部分也会处理情感和运动。它也存在于低等脊椎动物（比如鱼和爬行动物）之中。丘脑存在于人类脊椎的顶端，被后来三进化而出的大脑皮层包围。所以它存在于大脑中近乎死亡的中心，是一个中转站或者开关中心。直到20世纪80年代，丘脑一直被认为是将外界感官刺激传递到大脑皮层的中继器。在大脑皮层中，这些信号可以被序列或者平行处理。李纳斯和他的同事却发现了不同的结论。根据他们的理论，那些连接丘脑和大脑皮层的路径中，只有20%～28%突触是用来中转感官刺激的。于是他们总结出：丘脑和大脑皮层之间的连接通路主要用于其他目的。

---

[1] 丹尼斯·佩尔和鲁道夫·李纳斯，《意识和前意识过程——从神经生理学睡眠—行走循化的角度观察》。

在李纳斯和佩尔看来，其他目的是指，在丘脑中非特定区域和大脑皮层之间创造一个反馈回路。通过这个回路，大脑内振动的神经元就会自我组织，形成一个跨越整个大脑的 40 赫兹振动活动。进而，这种跨越大脑的振动活动帮助创造出我们的认知经验。可见，"意识并非感官刺激的副产物，而是内生的，只是被感官刺激调节（或者情境化）而已。"[1] 简单来说，大脑本来就被设计成具有先验性意识的组织。

回到魂商这个主题，40 赫兹共振是魂商的神经基础。就像序列神经纤维束是逻辑数据处理智商的基础，并行神经网络是无意识联想式数据分析情商的基础，这种 40 赫兹全脑共振的意义则是，帮助把人们的经历捆绑在一起，放置在一个更宽广意义的框架中。

这些分析都局限在神经元和它们的振动行为。这就是精神产生的源头么？精神真的是源于神经元的单个振动和共振么？如果是这样，像弗兰西斯·克里克这样的简约派神经科学家的理论为何错误？人类难道不就是很多嘈杂神经元的活动么？还是说人类比此更为复杂？是什么引起了神经振动？哲学家、心理学家、科学家和神学家们喋喋不休地争论着这些问题。

这方面的观点主要来说有 4 种。美国哲学家大卫·查默斯对于这些观点一一进行了点评[2]。以下参考了他的演说，也穿插了笔者个人的一些观点。

---

[1] 丹尼斯·佩尔和鲁道夫·李纳斯，《意识和前意识过程——从神经生理学睡眠—行走循化的角度观察》，第 1155 页。

[2] 大卫·查默斯（David J. Chalmers），《意识问题的进一步讨论》。

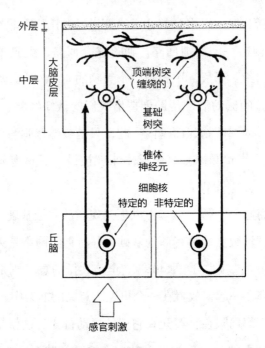

1. 感官刺激通过丘脑以局部化的方式传递到脑皮层中层。

2. 大脑皮层的 1 号层中的波状动作（顶端树突）通过到非特定丘脑细胞核的回路而得到保持。

有意识头脑是从何而来的?

第一种解释来自二元论立场。二元论者认为，宇宙一共存在两种不同类型的存在物：一种是物质的，遵循物理定律的约束；另一种是意识的，超越物理之外。17 世纪法国哲学家笛卡尔是最著名的现代二元论者。他说："我知道我有思想，我也有身体。并且我知道两者截然不同。"[1]对于笛卡尔来讲，思想和身体在大脑的松果体内偶然相连。如果他活到今天，并得知 40 赫兹神经共振的研究成果，他会毫无疑问地说，身体和精神是在共振中偶然相遇的。

---

[1] 雷内·笛卡尔（Rene Descartes），《沉思》。

笛卡尔并不怀疑存在伟大的人类灵魂和智慧。两者的源头都是上帝。的确，对于笛卡尔来讲，一切智慧都是"精神智慧"，因为他相信，上帝把"清晰明显的思想"深植于人的大脑之中，这些思想组成了人的智慧。

20 世纪的科学界也有很多值得尊敬的二元论者。诺贝尔奖获得者、神经生物学家约翰·埃克尔斯爵士与哲学家卡尔·波普尔合著《自我和大脑》。其中提出，物质是由原子构成的，而精神是由"精神粒子"（意识中的基本微粒）构成的。但是，如今绝大多数科学家都反对二元论，他们认为二元论是一派胡言。目前的很多证据都表明，如果真的存在意识这种东西，它也必然是来自这个受物理定律约束的物质世界。

"意识"这个东西到底存不存在？持"取消唯物论"观点的一些人坚决予以否定。比如知名哲学家丹尼尔·丹尼特在《意识的阐释》一书中否定了意识本质的存在。他认为，存在的只是大脑和其内部的神经元结构。即使存在大脑 40 赫兹共振，也不能说明任何问题。人们可以去探索共振信息处理系统的作用是什么，也可以思考当自己看东西的时候，哪一种神经元在振动。但是这种被称为"意识"的东西根本就是天方夜谭。取消唯物论者认为讨论这个概念纯属浪费时间。

丹尼特的批评者说，就算丹尼特本人没有体验过先验意识，他也不能否定别人会有这种体验。比如神经科学家弗兰西斯·克里克就承认存在先验意识现象，他也认为，这种现象值得人类去深入探究。不过弗兰西斯·克里克的"惊讶假说"也十分清楚地表明，人的意识完全可以在现今物质科学理论范围内得到解释。和他一样持此观点的人被称为是"软唯物主义"者。他们认为，意识总有一天可以被彻底地解释——不外乎是一种基于神经元运作产生的现象。至于 40 赫兹振动，根本就是童话，根本没有所谓超越大脑的"人类灵魂"。这些人或许承认神经共振有可能产生"统一智慧"，甚至可以与意义相联系 [1]。但是他们绝不同意称这种意义感为"魂商"。

还有些人认为物质实际上有两重特性——精神和物质是一枚硬币的两面而已。这些人被称为"双重属性论者"。对于 40 赫兹振动和意识之间的关系，他们认为，组成神经元的物质共振的时候，就同时具有了意识属性。在他们看来，意识是神经共振的显露属性。（这就不同于单纯的振动，它是一种独特的没有先例的振动。它的属性源自神经元偶合或合并的方式。）

至于"是什么引起了神经共振"和"意识从何而来"这两个问题，双重属性论者认为，神经元只是自我振动，但是振动的同时，人们从中得到了跟系统相关的新属性，这就是意识。一些批评家说，这样的理论毫无根据，近乎从帽子里变兔子的戏法。

先验性和人类灵魂究竟该如何解释？笔者认为，意识的双重性观点允许一种较弱的先验性。对于人类的灵魂，心理学家荣格的"集体无意识"理论多少与之有些类似：人们与其他生物共享自我精神生活的一个维度。也就是说，意识与大脑一同出现，甚至可能与生命本身一同出现。（至少是和哺乳动物大脑一同出现的，因为在哺乳动物大脑中，40 赫兹振动是确乎存在的。）这样的话，人类至少是这

---

[1] 在《科学美国人》几年前发表的一篇文献上，克里克的确明确地说过，人们可能需要通过对于意义的研究来理解意识。但是大卫·查默斯指出，意义和意义不一样。像克里克这样的简化论者所说的"意义"就是简单的"与环境之间的一定关联，以及后继过程的一定效用"，然而更多人认为意义也指的是更高级的东西。

个星球上生命的演化后裔，或者退一万步讲，也是哺乳动物的高级阶段。因此，人不仅仅是一些神经元运作，也不只是有限的自利。人类智慧很可能位于更广阔的情境之中。这种"先验性智慧"就是我们称之为"魂商"的东西——一种将人类放置在更广阔生命之流中的智慧。

大卫·查默斯评论说，双重属性理论看似更有道理些，但是仍然不能让他满意，很多人也是同样认为。用查默斯的话来说，"我们期望的是一个关于基本事物的基本法则"。如果意识是"原始事物"的基本属性，为什么它只伴随大脑出现，或者随着一些振动神经元出现呢？"为什么不是在电话中出现？"他不无讽刺地问道①。

查默斯基于哲学家罗素 1927 年的观点，提出了一些更加本质的东西。像罗素一样，他提出了"原意识"的概念。他认为这种原意识是一切物质的基本属性，就如同物质的质量、带电量或者位置一样。从这种观点看，原意识就是物理世界基本法则的自然组成部分。而且从时间开始的时候就存在了。一切存在的物质——介子、夸克、原子这样的基本微粒，乃至石头、树干、星球等等——都具有原意识。

一些科学家也有同样的观点。生物学家朱利安·赫胥黎写道："……就像哲学家怀特海所说的，一切实体都是由事件组成的。这些事件从外界客观地看就是物质，在内心经历过就是精神。"②荣格写道："既然精神和物质存在于一个世界中，而且两者之间总在相互作用……那么精神和物质是同一事物的两个不同方面，就并非不可能，

---

① 大卫·查默斯（David J. Chalmers），《意识问题的进一步讨论》。

② 朱利安·赫胥黎（Julian Huxley），《没有启示的宗教》。

甚至很有可能就是如此。"[1]那么像大脑这样的高级结构，具备了一切必需的东西，于是就可以将所有点滴的原意识合并起来变成成熟的意识。根据最近的神经研究结果，笔者认为，40赫兹神经共振显然具有这种必要的特征。

相信原意识是一切物质的基本属性，这种观点有些接近泛心论了。泛心论是印度教和佛教哲学家都信奉的一种观点。西方的一些哲学家如阿弗烈·诺夫·怀海德也同样认为，意识遍及整个宇宙。对于意识从何而来这个问题，泛心论非常强调魂商的先验性：如果大脑神经共振与整个宇宙基本属性相一致，那么魂商就不仅把自我深植于生活，也深深地根植到整个宇宙的中心。人类不仅仅是生命的后裔，也是更加广阔的宇宙的后裔。

魂商有如此强烈的先验性，就意味着人类智慧可以让我们接触到生命的基础，接触到宇宙的基本法则。就像印度教和佛教思想家一直强调的一样，精神源自事物的最中心。人们智慧的层面（魂商）超越了单纯的大脑，超越了简单的神经元运作，成为被人们称之为"上帝"的物质。

这里有一个要点需要澄清：以上这些并非唯物主义或者简约主义的观点。唯物主义观点认为，物质创造精神。理想主义则认为，精神创造物质。而双重属性理论认为，精神和物质都来自更加基本的东西——两者都是或者两者都非。要想更好地阐明这个观点，需要证明物质和精神层面存在因果联系。这一点超出了本书的范畴。但是I.N. 马歇尔进一步扩展了这个结论[2]。

---

① 荣格，《论灵魂的本质》。

② I. N. 马歇尔（I. N. Marshall），《意识的量子模型的一些现象学启示》。

笔者个人支持原意识观点。对于笔者来讲，意识不可能从任意的地方产生。目前也没有充足证据表明石头或者原子有和人相似的意识。初级物质这个概念具有一种原意识的弱形态。只有人脑这样的特定结构才有可能同时容纳两者。但是这个理论还缺少一环：证明原意识初始物质和单个神经元相连，继而连接到神经共振上。要完成这个证明，笔者认为，必须要先研究一下大脑量子效应现象。它能帮助解释为什么人脑可以创造成熟的意识。

大脑有量子维度么？

量子理论是 20 世纪四大新科学理论之一，最初用来描述原子中微观世界的运动行为。但后来人们发现，它的适用范围远不止这些：激光和中子星都具有量子性，硅片根据量子原则运行。事实上，新千年以后的大量科技都基于量子技术。人们甚至在试图制造高速运算并且可以"思考"的量子电脑。

量子理论将物理行为描述成不确定的整体性行为。让我们感兴趣的是这里的量子整体性。整体性在这里指的是，量子系统中的很多单独的部分会紧密地整合在一起，表现出统一的整体行为。比如，一束激光包含许多个体光子（光的组成微粒），它们充分重叠，以至于整个激光束看起来就像一个巨大的光子。这就是激光可以高度集中的原因。

有一种特殊的量子结构具有这种极端的整体性特性，即玻色－爱因斯坦冷凝物，它是以爱因斯坦和印度物理学家玻色两个人的名字命名的。激光束、超流体和超导体都是几乎完美的玻色－爱因斯坦冷凝物。如果类似的量子结构也存在于大脑中，那么它就可以让众多神经元像一个整体一样同步运转。这样就可以解释意识的整体性[1]：独立的原意识片段如何结合成统一的场意识经验。

意识的量子理论源自 1930 年生物学家 J. B. S. 霍尔丹[2] 的研究。1950 年，物理学家玻姆发现量子过程和人的思想过程[3] 极为相似。现代理论不约而同地关注几个内容——神经结构、神经细胞所存在的细胞浸泡液[4]、神经微管[5] 以及神经细胞膜的特殊行为[6][7][8]，企图从中寻找量子统一性（或者叫量子一致性）。但是"捆绑问题"和新近 40 赫兹共振的脑磁研究澄清了一个事实：意识的一致性是由于不同神经元之间的一致性导致的。于是现在的问题变成了：是否存在整个大脑层面上的大范围量子一致性呢？

先从引起单个神经元振动的原因开始说起。众所周知，振动来源于神经细胞膜中有节奏的电场活动，就如同转门上的弹簧一样。整个神经细胞膜浸泡在一些通道之中，当这些通道经过化学或者电学激发之后，就可以允许带电原子微粒（或者称为"离子"）通过。这些通

---

① 大脑中存在意识的量子基础这个论点是由 I.N. 马歇尔在《意识和玻色－爱因斯坦冷凝物》中首次提出的。

② J. B. S. 霍尔丹（J. B. S. Haldane），《量子机制作为心理学的基础》。

③ 大卫·玻姆（David Bohm），《量子论》。

④ E. del. 盖德斯（E. del. Guidice）等，《自由电子偶极激光的承载液》。

⑤ S. 汉默夫（S. Hameroff）和 R. 彭罗斯（R. Penrose），《意识行为作为要素配置的时空选择》。

⑥ I. N. 马歇尔，《意识和玻色－爱因斯坦冷凝物》。

⑦ 丹娜·左哈尔（Danah Zohar），《量子自我》。

⑧ 丹娜·左哈尔和 I.N. 马歇尔，《量子社会》。

道就是离子通道。由于离子是带电体，它通过通道的时候可以产生电场，这种行为产生了神经元的电场振动。40 赫兹共振存在于整个大脑的电场里面，这种大脑层面的电场则是单个神经元电场振动的整体现象。这里一个有趣的问题是：这种遍布大脑的电场是否是一个量子化电场，其中的 40 赫兹共振是否是一个量子化的共振。

纽约城市大学的迈克尔·格林最近提出，神经元量子通道中的活动是由量子隧道效应[1]引起的（"量子隧道效应"是说，某一微粒为了穿越能量壁垒而转化为波的形态，穿越壁垒之后又恢复到粒子状态）。他的实验结果也很好地证明了这种解释。所以在单独的离子通道中很可能存在着量子活动。而同一树突中相邻的通道可能靠得很紧，以至于脑中的电场可以将这些通道形成量子共振。

从下一个层次往上，大脑皮层中锥体神经元——这种神经元占据了所有大脑皮层神经元中的 60% ～ 70%——却很是特殊和让人费解[2]。它们并非由单一的树突组成，而是具有两组树突。存在于大脑皮层中层的基本树突以普通的形式接收局部化的感官刺激。但是还有一组顶点树突在大脑皮层表面。由于它们过分远离细胞体，以至于无法激发神经元，除非它们在同一时刻同时被刺激。顶端树突互相紧密缠绕，于是它们的电场互相作用。这种安排方式看起来像是设计好的，专门用来在大脑皮层的外部产生波状行为。这样，独立神经振动发出的"不同声音"汇合为统一的"合唱"。这个现象由李纳斯和他的同事发现，还没有人提出过其他合理的解释来阐明顶端树突存在的原因。更进一步地说，任何破坏这种波状活动的药物都会毁坏意识。

---

[1] 迈克尔·格林（Michael Green），《一个共振模型回应离子通道的细胞膜电位》。

[2] R. 道格拉斯（R. Douglas）和 K. 马丁（K. Martin），《新脑皮层》。

以上所述强烈地支撑了一个结论：大脑皮层外层的共振是意识形成的必要条件。但是它是量子共振么？众多离子通道中的量子隧道效应是否形成一个整体的量子行为？（一个相似的情况是，在一些非常高端的电子仪器中，电子行为利用隧道效应，组合成对穿越能量壁垒。）证明这一点需要非常复杂的计算和实验，至今还没有开展起来。超导体有量子特征，但是在一个超导体中只有万分之一的电子产生了共振[①]。所以，想要大脑整体电场具有量子统一性，只需要所有电场行为的 1% 产生共振就可以了。

这一切意味着什么？

既然大脑存在第三种思维能力，那么也就存在第三种与意义相关的智力。这完全是一种全新的观念。在此之前，整个 20 世纪的认知科学都将大脑简单地看作一个计算机。即使在学术领域之外，也没有人曾经尝试证明魂商的存在。用朴素的语言来讲，这些神经学和量子物理的新发现究竟暗示着什么呢？我们是否能够运用这些结论来探究魂商的起源，从而理解人类的先验性呢？这里展示的实验性研究结论包括：

○ 整个大脑中存在 40 赫兹神经共振。

○ 这些神经共振看起来暗示了意识的存在性。

○ 这些共振将个体的感知活动结合成一个更广阔更有意义的整体。

○ 产生振动的离子隧道活动可能存在着量子维度，并且在多神经元维度上，这些共振之间可能存在着量子一致性。

[①] D. R. 提利（D. R. Tilley）和 J. 提利（J. Tilley），《超流体和超导体》。

　　基于以上，笔者推论，40 赫兹神经共振是魂商形成的神经基础。而魂商就是将人类经验置于更广阔情境中，使之更加有效率的第三种智力。本章讨论的其他问题可以归结为两点："意识从何而来？""意义从何而来？"这两个问题又联系着两个更深入的问题："有意识的人类归属于宇宙的什么地方？""人类的根可以追溯到多深？"

　　对于意识从何而来的问题，第一个可能的答案就是：意识来自大脑，至少来源于哺乳动物的大脑。但是，这种解释实际上没有说明多少东西。它不过简单地说，意识，作为一个宇宙的新特性，是随着哺乳动物的进化而出现罢了。

　　第二种解释是，意识源自大脑，因为神经元有意识原形（原意识经过某种结合形成意识）。这里笔者假定，40 赫兹共振是将原意识整合成为意识的一个必要因素。这样的话，因为神经元是单个细胞，人类可能就起源于单细胞生物。人类的灵魂智力根植于生命，而生命并不具备超越本身的意义。笔者认为这种解释的可能性不大。它仍然假定意识是随着大脑产生的，只不过基于更加基本的细胞层面。为什么意识原形一定要和神经细胞一起出现呢？难道意识就不可能根源于某个更基本的物理层面么？

　　至此，笔者倾向于第三种观点：意识是宇宙的一个本质属性，如同质量、电荷、转速以及位置一样。更进一步地说，笔者相信，事物在一定程度都具有"意识"。但是只有大脑这样的特殊结构才有可能产生成熟意识。这样，人类的灵魂将人类根植于广阔的宇宙之中，同时在更大的宇宙进化的情境下，生命也具有了更广阔的意义。

　　那么量子物理处于整个图景的什么位置呢？如果大脑中的量子现象与魂商相关，那又意味着什么呢？

大脑可以将意识原形转化为成熟意识，这个过程中量子物理的作用十分关键。人们的意识是独特的统一现象。所有在有意识经验中起作用的神经元以 40 赫兹速率共振。也就是说，它们表现为用各自独特的声音形成一个共同的和声。没有已知的经典现象可以引发这种一致性共振。这种现象是遵从量子过程中的规则的。如果离子通道活动所要求的量子隧道效应可以通过相邻的大脑强电场而形成一致，那么就存在了一种将单个神经元的意识原形片段整合成多神经元，跨大脑的成熟意识的捆绑机制。

总而言之，无论意识起源于哪里，人们的魂商都使得灵魂具备先验性质，这一点至少将人类的起源追溯于这个星球上的其他生命。人类自我的"中心"至少是可以追溯到荣格的"集体无意识"这样的深度。人们并非孤独的。人们的智力也不会将人类孤立于自利自我经历的狭隘王国内，甚至不会将人们孤立于人类自身的经验。存在着一个更广阔的关于意义和价值的情境，人们可以将自己的经历放置其中。但是如果魂商真的存在着一个量子维度，那么魂商的前景就变得更加强大，更加令人兴奋。

本章开始，笔者谈到了量子真空的概念——它是宇宙的背景能量状态，万事万物的源头。量子真空好似安静的"海洋"，而实体表现为海洋上面的"波浪"（能量的振动）。真空中出现的第一样事物叫作 Higgs 场 [1]。Higgs 场中充满了快速的能量共振。这些能量共振就是宇宙中一切场和基本粒子的源头。它本身就是一个巨大的玻色 - 爱因斯坦冷凝物。如果意识是宇宙的一个基本属性，那么 Higgs 场中也就存

---

[1] G. D. 柯兰（G. D. Coughlan）和 J. G. 多德（J. G. Dodd），《粒子物理的观念》。

在着意识原形。所以，量子真空就有点近似"无所不在的上帝"。换句话说，引起人类意识的 40 赫兹的神经共振可以追溯到"上帝"的层面。"上帝"是自我的真正中心，而意义就根源于一切实体的终极之中。

第五章

「上帝之点」的神秘体验

突然之间一切都如同水晶一般清澈通透，再也没有任何疑惑。

在巴西阿雷格里港贫困地区的一条后街上，六七十个人挤在一间狭小破落的铁皮顶木屋里。他们大多数都是穷人，年龄各异，种族不同。男人们穿着五颜六色的斗篷，脖子上戴着各种项链；女人们身着丝绸晚礼服，好像参加婚礼一样。他们走进房子的客厅，伏倒在一个祭坛的前面，祭坛供奉着形状复杂的印第安图腾、圣母玛利亚和耶稣像。此外还有数不清的蜡烛、闪烁的圣诞彩灯。有些妇女开始颤抖，不得不要人扶着。

随后，走出来一个鼓手，打着让人沉醉的旋律。男女老少形成了一个移动的圆圈，摇头晃脑，随着鼓点来回摇摆。他们就这样整日整夜地唱歌跳舞，好像被鬼魂俘虏似的，失去了意识，浑身剧烈抽搐，有的好像癫痫病发作一样瘫倒在地上。他们这是在庆祝"邦高"节：与神灵交流，被神灵附体。

明尼阿波利斯的一个乡村里，七八十个年轻美国人聚集在一起，仿佛在搞一个摇滚俱乐部。他们大多都是中产阶级，实际上是在举行一个神授能力的基督教仪式。震耳欲聋的音乐和怪诞的闪光灯充斥整个房间。扩音器里不断传出"耶稣永生！耶稣度世！"的声音。有些人来回摇摆，脸向着天花板，仿佛入了魔。一个男人大叫："我的身体充满了邪恶的灵魂！"然后倒在地上，像蛇一样地扭动。其他人在一旁围坐一圈，大喊着："滚出来，你在这不受欢迎！"帮那个男人把身体里的鬼赶出来。

在尼泊尔北部边远地区，和尚在寺庙里举行一年一度的光明节庆祝仪式。他们祈求舞之神灵的再现。先是烧掉拦路恶魔的肖像，然后建起曼陀罗（一种神奇的圆圈），舞之王就住在里面。然后他们也走进曼陀罗，达到和神融合为一体。"神啊，"他们唱道，"占据我的身体和思想，让我虔诚地住在曼陀罗里面吧，我的心，我这躯壳的心已经变成了舞之王。"

古往今来，每一种文化都有和自己的神灵交流的记录，无论是善良之神或是邪恶之神。20世纪90年代初，加拿大神经心理学家迈克尔·珀辛格也亲身经历到神的存在。珀辛格博士本身并不信仰什么宗教，在劳伦大学实验室里，他把磁发生器连接到自己大脑上。磁发生器可以发出强烈而快速的波动磁场。如果这种装置刺激大脑动作表皮层的话，相关的肌肉会不自主地抽搐。如果视觉皮层被激活，即使天生的盲人也可以感受到"眼睛看到东西"。珀辛格博士把这个装置连到他的太阳穴下方，用来激活颞叶组织。这时，他感觉到有异常的力量在运作，他感受到了"上帝"。[①]

上帝模块

几十年前人们就发现，癫痫病人发作时更容易产生深刻的灵魂经验。V. S. 拉马钱德兰教授是圣地亚哥加州大学大脑认知中心的主任。他一生都在研究癫痫病患者。常常有癫痫病人发作之后告诉他，"那一瞬间产生了一道照亮万物的圣光"，"终极的真理存在于普通人永远无法企及的地方，因为通常头脑过分地沉溺于喧杂的日常生活中，无暇顾及真理的宏大和美丽"，或者他们说"医生，突然之间一切都如同水晶一般清澈通透，再也没有任何疑惑"。还有的病人说他感受到了一种发自内心的欣喜，跟这种喜悦相比，一切都变得苍白。在这种欣喜中，他突然对神圣有了一种清澈的理解。——没有任何条条框框，只有一个和神明共存的整体。[②]

---

① V. S. 拉马钱德兰（V. S. Ramachandran）和桑德拉·布莱克斯利（Sandra Blakeslee），《大脑中的幽灵》，第175页。

② 同上。

众所周知，癫痫的表现是，大脑相关脑区突然爆发出高于正常的电信号活动。所以，癫痫病患者的神奇灵魂经历和大脑颞叶活动增加相关。珀辛格的研究发现，用磁场活动刺激颞叶后，可以实现人为控制神秘经历，比如灵魂出窍经历、前世经历，看到 UFO（不明飞行物）经历等等——全部都在试验控制之中。在大多数案例中，颞叶刺激会产生一种或多种以上经历。[1]

珀辛格的一位助手佩吉·安·怀特做过一项类似研究，证明了颞叶活动提高可以带来萨满教经历[2]：让灵魂旅行到遥远的过去或未来。怀特的工作也说明，之所以很多灵魂游离仪式都需要使用有节奏的鼓点，正是因为这样可以帮助激发颞叶系统区域。

1997 年，V. S. 拉马钱德兰和他的同事在这方面的研究中又取得了一些新进展。这一次是在正常人中试验。他们把脑电图描记器的探头分别连接在正常人和癫痫病患者的太阳穴上。结果发现，当给正常人出示引导性的宗教词语或者谈论相关话题的时候，他们的颞叶活动急剧增强，达到癫痫病人发作时的强度。[3] 于是他们得出结论：在（正常人的）大脑颞叶中，可能存在专门有关宗教的神经组织。宗教信仰现象可能是大脑中的硬件决定的。

大脑颞叶与边缘系统紧密相连，这里是大脑的情感和记忆中枢。边缘系统的两个扁桃体是关键部分，一个是小型杏仁状结构，处于边缘系统的中央，一个是海马体。它们对于存储记忆非常关键。珀辛格

[1] C. M. 库克（C. M. Cook）和 M. A. 珀辛格（M. A. Persinger），《在正常客体和异常客体中对于感知神明的实验性引入》。

[2] 佩吉·安·怀特（Peggy Ann Wright），《异常意识状态中思维、大脑也行为的内在联系：以萨满教为例》。

[3] 在伦敦 1997 年 11 月 2 日泰晤士报上报道。并且参见 V. S. 拉马钱德兰和桑德拉·布莱克斯利的《大脑中的幽灵》第九章。

研究表明，当这些大脑情感中心被激发时，大脑颞叶的活动就会增强。颞叶活动增强会影响到情感。记忆关键组织海马体的介入说明，尽管大多数颞叶灵魂经验只持续几秒钟，但是却可以给人的一生造成持久的情感冲击，也就是"改造生命"。边缘系统的介入也证明了情感因素在宗教或灵魂经验中有重要作用，这和单纯的"信仰"不同，单纯的信仰可以是非常理性化的[①]。

于是，珀辛格、拉马钱德兰等神经生物学家将与宗教或者灵魂经验相关的颞叶脑区称为"上帝之点"。很多人都认为，这个"上帝之点"在大脑中进化成形是为了满足一些进化目的。但是他们又强调"上帝之点"并不是真的有上帝在与人类交流。那么"上帝之点"的存在究竟意味着什么呢？

"上帝之点"是不是大自然在我们身上的一个神经学的玩笑，因为某种程度上人类信仰上帝对自然有益？难道说，代代传承的仪式和符号、连篇累牍的宗教诗歌、无数为宗教奉献的生命、因宗教而起的战争以及屹立千百年的宏伟教堂，所有这些都仅仅源于大脑某个部位的电信号活动？圣保罗在通往大马士革路上的皈依会不会不过是癫痫病发作的副作用？或者会不会是"上帝之点"带给我们某种更宏大智力，而颞叶活动让大脑能够进行对自身和宇宙的深层认知？

20世纪初，哈佛大学心理学家威廉·詹姆斯在写他的经典著作《宗教经验种种》的时候，他肯定不会想到未来会有"上帝之点"的研究[②]。当时他就发现，很多所谓的灵魂经验跟癫痫病发作之类的发

---

① C. M. 库克和 M. A. 珀辛格，《在正常客体和异常客体中对于感知神明的实验性引入》。

② 威廉·詹姆斯（William James），《宗教经验种种》，第 17 ~ 19 页，中译本由华夏出版社出版。

疯状态非常相似。他也知道，"一些医学唯物主义者"可能会借此否定灵魂经历的意义。但是，詹姆斯认为，这些唯物主义者的头脑过于简单。他们没有区分开来两个非常重要却又截然不同的问题：灵魂经验的本质和生物起源是什么？灵魂经历的意义或者重要性何在？詹姆斯同意大多数心理经历都要大脑参与。但是这样讲并不等同于说，这些心理经历可以被忽略成"不过是一种神经活动"。就好比，科学家可以通过刺激视觉大脑皮层来制造模拟的"视觉经历"，但是这并不能证明视觉本身是虚幻的。

看起来，新近的神经学研究证明了"上帝之点"的确在灵魂经历中发挥了关键作用。但是要想彻底搞清"上帝之点"的作用和运作机制，必须更加细致地研究与之相连的发疯或者发病经历。

灵魂经历多样性

F. C. 哈普德经典著作《神秘主义》写到，在一个夜晚，当他独自一人坐在剑桥彼得豪斯学院的大学教研室里面的时候，耶稣基督来到了他面前。哈普德并没有癫痫病，也从没有精神崩溃过，所以他的经历是正常人的经历。

我就在房间里面，周围是简陋的家具，壁炉里面烧着火，台灯在桌上投下红色阴影。但是整个屋子充满了一种"神明"。奇怪的是这种存在既关于我，又存在于我的心里，就好像灯光温暖的感觉。我被一个不是我的人所占据，但是我觉得，我比以往什么时候都更接近自我。我心中无比欢愉，几乎是一种无法承受的快乐，这是我从未经历过，以后也再没有经历过的。最重要的是我心中充满了一种宁静的安全感和确定感。我意识到我们人类并非是在冷漠宇宙里的孤单原子。我们每个人都连接在一种规律里面，只不过本人或许意识不到，甚至永远无法了解。但是我们却可以将自己满怀信任、毫无保留地贡献给它。①

威廉·詹姆斯在《宗教经验种种》还写到，他的一位心理学家朋友有过一次更加剧烈的经历。发作之前，这个人正在与他的密友吃晚餐，讨论诗歌和哲学。同样这个人也是精神完全正常的人。

午夜分别后，我脑海还沉浸在刚刚谈话和读书的内容里，我心情平静，处于一种被动的享受中。我没有主动思考，只是让思维、画面和情感随意流过我的大脑。突然，没有任何征兆，我觉得自己被包裹在一片火一样的云彩里面。一瞬间我想到了火，仿佛处于一种无边火焰的边缘。接着，我发觉这火焰正在我的心中。然后紧接着一种兴奋感涌来，一种宏大的喜悦，伴随着一种语言无法描述的启示。我突然感到宇宙并非是由无生命的物质组成，而是由生命组成。而且我在内心深处意识到了生命的永恒。②

哈普德和詹姆斯所叙述的经历都是宗教性的，包括了第三人和神明的感觉。但是个人灵魂经验经常与宗教无关，而是基于爱或者一些深刻的洞察。《献给俄尔甫斯的十四行诗》以及《杜伊诺哀歌》的作者德国诗人勒内·玛利亚·里尔克（1872～1926）提到，当阅读一位佚名作家的诗歌时，他会经历到这种深层的平静。读者在后面几页可以看到，里尔克一生都惴惴地怀疑自己神志是否正常。

---

① F. C. 哈普德（F. C. Happold），《神秘主义》，第 134～135 页。
② 威廉·詹姆斯，《宗教经验种种》，第 17～19 页。

（我）的心完全沉静了下来。外面是公园，一切都和谐地伴随着我——所有事情仿佛都被抽掉，只剩下空间。这个空间从未被打搅过，仿佛玫瑰花蕊，天使般安静。……（那时）有一种奇特的力量在我的内心。去年一年我经历了两三次这样的体验……它们是清澈、平静的光芒，填满我的内心。这些经历看起来没有什么集中的内容，但是对我来说，却是一个更加高级的统一事件。①

经历过这样的体验后，里尔克在晚年又写了一些关于整体观、日常生活的存在性的论著，并且提出"死亡是生命的另一阶段的延续"的理论。

这样的经历实际上是非常普遍的。在西方，30% ~ 40% 的人都至少感受过一次。如果深入细致地调查，这个数据在一些调查报告中甚至高达 60% ~ 70%②。这些美妙感觉无一例外都伴随着对生命的深刻领悟，感觉到周围一切都活了起来，带来一种与万物融为一体的舒适感觉。

1990 年，牛津大学 A. 哈迪研究中心对于灵魂经历进行了一次彻底的调查③。研究小组搜集了近五千例研究对象。被试者都要回答一个问题："你是否曾经感受到一种神明般的力量——不论你是否叫它'上帝'——和你日常的感觉十分不同？"被试者还被要求用自己的话描述自己的经历。收集的答案如下：

"一种与任何特定事件都不相关的微微喜悦的感觉；感觉所有

---

① 勒内·玛利亚·里尔克（Rainer Maria Rilke），"经历"出自《一个陌生好人的来信》一书，翻译者与出版信息见附录3。

② 迈克尔·杰克逊，《良性精神分裂？——灵魂经历案例》。

③ 杰弗瑞·亚恒（Geoffry Ahern），《现代社会的灵魂/宗教经历》，本研究也在迈克尔·杰克逊的《良心精神分裂？——灵魂经历案例》中有详细描述。

问题都微不足道——从不同的角度来感知；感觉到我有更好的理解力——更加能够应对生活。返老还童般，感觉事物得以重生，并且是一种整体观察。"

"感觉自己如此渺小，以至于所经历的一切都微不足道；感觉自己就在一种深刻的和谐边缘而不知道如何走得更远。一种和平、安宁又不拘谨的自然情感。极端的情感。有好几次我看见了去世的祖父，他给我很大的安慰，让我获得安全感和自信心；而他总是在我状态不佳的时候出现。"

有些被试者描述了一些更加特别的宗教经历。比如哈普德：

"很多次我都感觉到上帝降临。第一次经历时，（那是我 15 岁在教堂做礼拜的时候）我竟然有一种醉酒的感觉（我并没喝酒），我几乎无法走路。还有的时候，我只是感觉到一种无法抵抗的平静与爱，以至于我总是忘记了时间。"①

在这次调查中，几乎 70% 的被访者都是肯定回答。从这些被试者的详细描述中，研究小组发现灵魂经历可以归为两种基本类型：玄秘型和神畏型。

有过神畏型经历的人感觉自己被超自然神明引领，比如耶稣或者圣母玛利亚。这个超自然力量呼唤着他，让他们追随某种特定生活方式。这些人大多数都有宗教背景。那些不可知论者或者无神论者倾向于报告超感官的感知经历，比如心灵感应、先知先觉。有人在手术的过程中，感觉自己浮于自己身体上空，这就是所谓的灵魂出窍。

---

① 全部都在迈克尔·杰克逊，《良性精神分裂？——灵魂经历案例》第 238 页，戈登·克拉奇（Gordon Claridge）编，《精神分裂性》。

一位叫里尔克的被试者描述的则属于玄秘经历：突然对宇宙有了深刻的理解，无比欢欣，体会到一种凌驾于万物的统一感。其中并没有什么宗教内容。这两种经历都和颞叶活动增加（或者说大脑中"上帝之点"活动增加）有关。不过神畏型经历的表现更加接近疯狂[1]。

神经错乱和"上帝之点"

精神分裂和狂躁抑郁病患者都会看到幻象，出现幻听，接收到神灵的指令。这种疾病的一个特征也是颞叶"上帝之点"的活动增强。

所以，一些怀疑者认为所有灵魂经历实际上都属于神经错乱。但是专业心理学家却否认这种观点。比如拉马钱德兰证明，精神完全正常的人在谈论灵魂话题的时候同样会出现颞叶活动加剧的情况。

也有一些学者驳斥说，正常人与病患之间的经历有显著不同。牛津大学迈克尔·杰克逊博士的研究提出[2]，"临床组［精神病患者］描述的灵异体验更加古怪离奇[3]"。他提供了一个典型的精神分裂患者的经历：

我夜里醒来，看到月光从窗帘缝隙里透进来，突然感到了超自然的神明力量。我赶快把窗帘拉上，但是那个神明仍然浮在那里，就像一个律动的生命包围着我。我心里很害怕，迅速跑出房间。第二天，为了不再受那个东西打扰，我把房间墙壁都用锡纸贴了起来。[4]

---

[1] 迈克尔·杰克逊，《良性精神分裂？——灵魂经历案例》第 239 页。

[2] 迈克尔·杰克逊，《灵魂经历和精神病经历的关系研究》。

[3] 迈克尔·杰克逊，《良性精神分裂？——灵魂经历案例》。

[4] 迈克尔·杰克逊，《良性精神分裂？——灵魂经历案例》第 237 页。

还有很多相似的案例都显示，神明的出现给病人带来的更多是搅扰感而非愉快和灵感。杰克逊还报告说，精神病患比正常人更倾向于被灵异经历控制，他们脱离现实的时间会比较长，而且往往伴随怪异的行为[①]。他们也很难将经历整合入日常生活，无法发掘其中的意义。

另外，神畏型经历也更多地出现在精神病患者中。对于下列神畏型灵魂经历，精神病患体验报告几乎是正常人的两倍。

○ 一种被身体外的东西控制的感觉。

○ 一种进入了另外一个世界的感觉。

○ 一种经历了超自然现象的感觉。

○ 一种失去了时间观念的感觉。

相比之下，当问及下列与玄秘性的灵魂经历相关的问题时，两个组肯定答案的数量基本相同——大概有 56% ~ 70% 的人都有这种经历：

○ 被自己的感情强度所惊讶。

○ 感觉仿佛周围的一切都活了而且有了感觉。

○ 感觉与周围的环境之间有了一种默契。

○ 一种爱或被爱的感觉。

○ 一种不同寻常的平静心态。

另外，有一项对澳大利亚 115 所高校的学生做的调查也显示，玄秘性经历和精神病之间并没有任何相关性[②]。

---

① 迈克尔·杰克逊，《良性精神分裂？——灵魂经历案例》第 242 页。

② D. 卡洛德（D. Caird），《宗教性和人格：神秘主义者是内向，神经质还是精神有问题？》

不过，神经错乱经历和正常的灵魂经历之间的关联，还值得更进一步探寻。早在 1902 年，威廉·詹姆斯评论说，"处于深度精神生活中的人"更容易比别人接触到自己的潜意识："通往神奇世界的大门似乎超乎寻常地敞开着"。[①]20 世纪初也有人提道，神秘主义者"具有特殊多变性的界域"。也就是说，非常小的力量就会让潜在的能量浮现而占据他们的思想。"灵活的界域"可能随时让一个人变成天才、疯子，或者圣人，这完全取决于当时占据思想的是什么力量[②]。

1970 年来，更多研究揭示，为什么很多正常人也会经历和精神病患者类似的经历。特别是对"精神分裂症"的研究，很大程度地帮助人们理解人类精神和偏离行为。

自从 19 世纪末期精神病学建立之后，主流学者就普遍坚信：精神病患和精神健康之间有极大差别，精神病人和正常人之间几乎没有什么共同点。但是，近来的精神分裂研究则显示，从绝对正常，到精神分裂症这一中间状态，再到最终神经错乱，在神经健康上是一个连续的渐变过程。牛津大学戈登·克拉奇教授就研究证明，西方 60% ~ 70% 的成年人都有一定程度上的精神分裂倾向[③]。

但实际上只有 1% 的人被诊断为精神分裂病，一小部分人有狂躁抑郁症状，大多数人只是表现为有一些奇怪的偏好而已。

既然已经证明，精神分裂和产生灵魂经历相关，甚至一定程度上，精神分裂性可以给人类带来一些好处（后面将会提到），所以准

---

① 威廉·詹姆斯，《宗教经验种种》。

② E. 安德希尔（E. Underhill），由迈克尔·杰克逊《良性精神分裂？——灵魂经历案例》中引用。

③ 戈登·克拉奇编，《精神分裂性》，第 31 页。

确定义各种精神状态就很重要，关键在于其处于正常和精神病之间的渐变范畴中的哪一个点上。

根据大多数的量表，一个具有精神分裂特性的人会从不同程度上表现出以下 9 种特征。

○ 具有神秘性思维。倾向于认为思想有一种能量，或者说想法可以变成现实（比如，如果我希望一个人倒霉，这个人就会倒霉。完全是我思想的力量让它发生的）。倾向于从不相干的事物中看到关联（比如黑猫和厄运）。倾向于从一些平常事物中看到重大启示，比如水晶，骨头等。这种神秘思维有时被看作精神分裂，有时被当作正常，依赖于不同文化背景。在很多地方，这种思维甚至是主流的。

○ 容易分心。精神高度分裂化的诗人里尔克表述："如果有噪音，我就会放弃自我，变成那个噪音。"[1] 一个更加严重的精神分裂病人说："我对于每一件事都只能关注一会儿，所以我对什么事情都不能完全关注。"[2]

○ 倾向于幻想或者做白日梦。有时候分不清幻想和现实。

○ 思维松散，跳跃性大。思想不受一般逻辑约束，也没有边界限制。

○ 冲动而反叛。换句话说，他们行为完全基于冲动，有时候行为奇怪，爱穿奇装异服。

○ 不同一般的经历，比如本章描述的灵魂经历。

○ 内向。喜欢独自一人。

○ 社会性快感缺乏，也称作"整体快感缺乏"。这种人不大会享受社会交往，消极避世，也不大容易从感官获得快感。

○ 摇摆不定，总是看到多个选择的价值，因而没办法下定决心。

---

[1] 大卫·柯兰巴德（David Kleinbard）在《恐惧的起源》第 227 页引用。

[2] 戈登·克拉奇编，《精神分裂性》引用。

儿童往往有以上这些特征。但是如果发生在成年人中，就被视作古怪，甚至是早期神经错乱的表征。有证据表明，这些特征和癫痫病等强烈相关，但是也与高于正常水平的颞叶（"上帝之点"）活动相关，于是看起来，这些特征又是人类大脑固有存在的。为什么呢？导致功能失调的大脑活动怎么会是人类生物遗传的一部分呢？

人们大脑中为什么会有"上帝之点"？

1994年，菲利克斯·普斯特在《英国精神治疗期刊》上面发表了一个调查，对过去150年里取得国际名誉的291个人进行性格调查。这291个人包括政治家、科学家、艺术家、作家和作曲家。很多都是家喻户晓的人：爱因斯坦、法拉第、达尔文、列宁、罗斯福、希特勒、本古里恩、威尔逊、拉斐尔、德沃夏克、格什文、瓦格纳、克里、莫奈、马蒂斯、梵高、弗洛伊德、荣格、爱默生、布博、海德格尔、契诃夫、狄更斯、福克纳、陀思妥耶夫斯基、托尔斯泰等。调查的要点就是看伟大的创造力和精神的不稳定性之间关联有多大。调查结果十分惊人。以下是普斯特的统计结果：

职业	受精神不稳定折磨的比率
科学家	42.2%
作曲家	61.6%
政治家	63%
知识分子	74%
艺术家	75%
作家	90%

不稳定性的程度各有不同，包括偶尔独立的片段、持续产生的问题、烦扰正常工作以及严重到需要接受专业治疗。这些问题的表现包括酗酒、抑郁、狂躁、性心理问题、强迫症、反社会戏剧化行为以及精神分裂的边缘症状。美国精神病学家凯·杰米森本人就长期受到狂躁抑郁症困扰。他完成了一个狂躁抑郁症状和艺术性人格之间关联的调查①。调查名单中被狂躁抑郁症困扰的人包括威廉·布莱克、拜伦、鲁珀特·布鲁克、迪伦·托马斯、杰哈德·曼利·霍普金斯、希尔维亚·普拉斯、弗吉尼亚·伍尔夫、约瑟夫·康拉德、F. 斯科特·菲茨杰拉德、欧内斯特·海明威和赫尔曼·黑塞。很多人一生都在精神病院里度过。一大部分，特别是诗人，都选择了自杀结束生命。杰米森的书用一位诗人斯蒂芬·斯班德的诗开篇，以表达对这些具有暴雨般性格的同道人的致敬：

> 我不断在想那些真正伟大的人。
>
> 他们从婴儿的时代，就透过有灯光的走廊窥视灵魂的历史。
>
> 那时的日子被阳光和歌唱填满。
>
> 他们自己着了火一样的双唇，歌唱理想，赞美灵魂。
>
> 他们藏在春天的树枝里，欲望掠过他们的身体，好像朵朵鲜花盛开。
>
> 在离太阳最近的雪地，在最高的平原，
>
> 这些名字被摇曳的草地，
>
> 绚丽的云彩，

---

① 凯·杰米森（Kay Redfield Jamison），《被火灼烧》。

还有那朗朗晴空中风的低吟庆祝。

他们为了自己的生命而奋斗，

内心充满了生命的火焰。

从太阳出生，又朝太阳奔去，

身后的空气望着他们的背影，发出崇敬的叹息。

　　正如斯班德的诗中说的那样，这种"崇高的疯狂"引发巨大的痛苦和巨大的创造力。然而这些人都没有后悔所付出的代价，有些人甚至为自己的特殊性格而自豪。早期的荣格在与弗洛伊德分道扬镳后，忍受了精神分裂一般的崩溃，而且持续了7年之久。但是20年后他写道："今天我可以说，我从未与自己最初的经历失去联系。这50年里，我所有的创造力都源于1912年产生的那些幻想。"[1]

　　怀着同样的心情，里尔克写道："或许每一个意义都需要融化成云，降落为雨。所以必须承受精神上的分裂甚至濒死才能真正从另一个角度看事物。"[2]。

　　不过，普斯特的研究也显示，长期的神经错乱却跟高度创造力几乎没有相关性。只是那些接近疯狂边缘的人才有可能创造出最好的作品。当人完全被疯狂吞没的时候，就不会再有什么积极的作用了。彻底的神经错乱会抑制人的才能，让创作的灵感荒芜。所以，疯狂并不总意味着神奇的创造力。

　　英国心理学家J. H. 布洛德分析发现，只有某一特定类型的精神

[1] C. G. 荣格（C. G. Jung），《记忆，梦境，反射》，第184页。
[2] 大卫·柯兰巴德在《恐惧的起源》第2页引用。

分裂（而非纯粹的精神病患特点），可能会对创造力有贡献[1]。他所指的特定类型大多数都与前面提到的精神分裂的人格特性一致。比如精神分裂化的思维松散与高度的流畅性、思想的可塑性以及在事物之间创造关联，等等。这种过度涵盖的特点给了有精神分裂特性的人更加与众不同的思维范围和边界。类似地，神秘幻想、白日梦、视觉幻影跟全新视角之间也高度关联。不同寻常的经历可以将其本人暴露在更为鲜明的感情之中，这在日常生活中不是很常见的。容易分心可能会妨碍日常工作，但是却会使人关注更广泛的事物。犹豫不决虽然削弱了哈姆雷特复仇的能力，但是也能让人看到更多的选择。

精神分裂和解决问题能力

众所周知，能否解决问题是智慧高低的一个标准。其实很多时候，解决问题的能力就是创造力，特别是科学和政治领域。所以，一些研究者将精神分裂特点和特定的问题解决能力联系在一起。迈克尔·杰克逊指出，创造力在处理"生命的问题"上起到了特殊的作用。比如面对亲人亡故或者严重疾病的时候，更需要的是转换角度看问题的能力，而不是改变事实的能力。

在亲人亡故时，一个常见的灵魂经历就是直接感知到死去亲人的灵魂。这种经历让人获得更加亲切而生动的安慰，比冷冰冰的理性劝说好多了[2]。杰克逊提到了一个相关的例子：一个年轻的男子，某次

---

[1] J. H. 布洛德（J. H. Brod），《创造力和精神分裂》，戈登·克拉奇编，《精神分裂性》。

[2] 迈克尔·杰克逊，戈登·克拉奇编《精神分裂性》，第 240 ~ 241 页。

检查后医生告诉他身体可能多处硬化。他跌入了绝望的深渊，断绝与任何人来往。他出生于一个稳定的中产阶级无信仰家庭，他声称自己是极端的无神论者。但是在危机发生后几周的某一天，当他走过一片草地的时候，听到了一个声音呼唤他的名字："西恩，这些都不重要。你永远都会拥有你需要的东西。"那个声音指导他如何发现生存的欢乐，如何以平和的心态来面对事物。几分钟后当走到草地尽头时，他感觉到"思绪开始回归，所有的担忧都烟消云散"。在后来的 9 个月中这个声音多次与西恩交谈，彻底转变了他看问题的视角，让他可以坦然面对困境①。

这种视角的转变不仅能够解决存在性问题。化学家凯库勒梦见一条蛇咬自己的尾巴，然后引发他发现苯环；爱因斯坦曾说："我们不能在大脑的框架之内解决问题，因为这个框架本身就是产生问题的源头。"他的相对论就是 20 世纪最伟大的一次视角转换。有些评论者认为，精神分裂特性有利于人类物种的进化，因为它使人变得更加灵活和有创造性。如果真的是这样，那么概率很低的精神分裂症、狂躁抑郁症只不过是人类为了获得更多的精神分裂特性而付出的代价。

"上帝之点"经历和魂商

目前为止，本书关注的重大问题就是"上帝之点"是否与魂商有关。到此的答案是"是，也不是"。"上帝之点"确实对人们的灵魂经历有一定的贡献，它让人们接触到潜意识，激发大脑并行思维的丰富

---

① 迈克尔·杰克逊，戈登·克拉奇编《精神分裂性》，第 241 页。

象征意义。但是 60% ~ 70% 的人都会经历"上帝之点"的活动，而只有很少人才能体现出创造性的天才。

可见，单单依靠对于灵魂的感知并不能保证人们可以创造神奇。高魂商是指能将灵魂经历运用到更广阔的情境和意义之中，获得个体生命的统一感、目的性和方向感。单纯的灵魂经历可能只不过引发困惑、无序或者一些无法定义的欲望。它可能引发神经错乱，或者引发自我毁灭的渴求，比如吸毒、酗酒或者疯狂购物。换句话来讲，单纯短暂的灵魂经历可能会使人失去感知的视角。那种突然之间的丰盛感会让普通生活相比之下看上去如此枯燥呆板，于是人们可能不去进化，而是选择退出。

"上帝之点"是人脑神经网络之中的一个独立模块，就如同其他独立模块（人的语言中心、韵律中心等等）一样，虽然具备特殊的能力，但是必须被整合为一体。人们可能"看到过"上帝，但是这并不意味着这个"上帝"能引导生活。相对而言，魂商则会把整个大脑的 40 赫兹共振整合起来。

从这一点上可以得出结论："上帝之点"可能是魂商的一个必要条件，但是并非充分条件。那些魂商很高的人可能其"上帝之点"的活动也很频繁，或者具有一些精神分裂特性，但是反过来，高度的"上帝之点"行为并不意味着高魂商。"上帝之点"赋予的特殊视野和能力必须编制入一个整体的人类机能中，才能带来积极的效能。

间奏

人类简史

　　我们从何处而来？自何时而生？世界究竟多大？我们的根在何处？将走向何方？人类生存的终极界限在哪里？人类的智慧源于何处？对这些问题，大概我们每个人都有强烈的兴趣。另外，不懂这些问题，我们也就无法深刻地理解魂商。从第六章到第九章，我将提出一个关于"自我"的模型，借此更加深入地探讨魂商。第一步我们先要搞清楚自我在人类历史中的地位。在此，我首先为读者做一些关于神话与科学的简介。从更广泛的意义而言，正是它们设定了人类，也设定了人类的智力。

　　每一个文明都有自己一套关于人类起源的独特记录。这些故事或多或少都隐含着这样一些问题：我们是如何了解自己的？我们是如何评价自己的存在的？许多人类学家曾指出，不同人群的讲述主题惊人地相似。伊恩·马修搜集到了四种广为人知的讲述，这里我做一个大概的介绍，作为"自我之莲"这一章的开篇。

四种最初的论述

不同的声音：

> J. C. ——犹太教—基督教 / 秘教

> P. ——物理学家

> G. ——古希腊人

> E. ——东方观点：道教，印度教，佛教

1. 混沌

J. C. ："起初是空虚混沌。渊面黑暗。"《圣经》如是说。

创世记 1：1 ~ 2

G. ："起初天地间一片混沌，广阔而黑暗……"万物从虚无中诞生，又最终回归虚无。古希腊人如是说。

赫希俄德，《神谱》

E. ：在佛的土地上，我们称之为 Shunyata，虚无。"说它存在，是一种错误的说法。说它不存在同样也是错误的。最好对其不置一词。"

《禅经》

P. ：在万物有形之前，存在着量子真空————片潜在的汪洋，却没有任何实质。没有物质，没有空间，没有时间，只有一些我们无法定义的东西。可能的世界摇曳于存在的边缘，却无一具有存活的能量。科学家如是说。

E. ："道可道，非常道；名可名，非常名。无名，天地之始。"

《道德经》

2. 该亚

P. ：之后发生了不可逆转之事。一个可能的世界，随机地借用能

量集合，把握住了其简短的瞬间，进化出其结构。在一瞬间，它就从源头遁离而去。在时间与空间之前，这一结构依然在循环，封闭，无始无终。我们笨拙地把这样的结构称为"超弦"。

G.：你们谈到成熟的该亚，万物之母。她完整无缺，她是一条一条吞尾蛇，从开始到结束（从阿尔法到欧米伽）。

J.C.："上帝说：'要有光！'立刻就有光。上帝把光明与黑暗分开。"

《创世记》1：2～3

E.："有物混成，先天地生。寂兮寥兮，独立而不改，周行而不殆，可以为天地母。"

《道德经》

3. 极性

G.：地母该亚为天神乌拉诺斯之母。"该亚使乌拉诺斯与她一般宏大，以便完全地覆盖她。"

赫希俄德，《神谱》

J.C.："翌日，上帝将世界一分为二——下面为广阔的大地，上面是弯曲的穹顶。"

《创世记》1：6～8

P.：最初，宇宙中的一切存在可以一分为二。一部分是物质与能量，另一部分为空间、时间与引力，如同爱因斯坦所述。这两者是平衡的，联系的，超越了混沌的范畴。现在，宇宙开始生长。

E.："道生一，一生二，二生三，三生万物。"

《道德经》

4. 物质与力

G.：乌拉诺斯与该亚子女众多，但暴戾的乌拉诺斯竟把子女囚禁。其最小的儿子克洛诺斯阉割了父亲，取而代之成为统治者。他娶胞姐瑞亚为妻，繁衍众多。

P.：重力具有压倒性的力量。没有什么能够逃离它的紧握。宇宙本应塌陷回归混沌直到结束。但量子真空最初出现的时候，西格斯场有一种微妙的力量。在一道闪光之中，世界急剧膨胀，重力衰减。西格斯场、克洛诺斯均为一切进化的基础。

G.：我们特意回忆了宙斯与阿弗洛狄忒，诸力的统治者；以及阿瑞斯与赫尔墨斯，诸形的统治者。

P.：我们将这些形状与力量以我们同伴，诸如玻色与费米。原则是一样的。

J. C.：之后，我们通过七大可视行星看到它们：木星与金星，火星与水星，太阳、月亮与土星。在我们自己的超自然传统中，我们将它们置于生命树中。

E.：我们看见相同的能量反射于人体中的七轮。

5. 群星

G.：随着世界的发展，克洛诺斯的子女同样推翻了他的统治。宙斯手持雷电，统治穹宇。

P.：宇宙布满了宇宙辐射产生的雷电，无法形成任何实体。一切都是炽热的等离子体，这与今天星体上的情况一致。

E.：在古印度，我们将其称为火神阿格尼时期。物质有四种状态：固体、液体、气体与炽热的等离子体。火神阿格尼是元素神中最古老的神。

P.：随着世界继续冷却，三十万年之后，物质不再受到宇宙辐射之扰。其他要素开始得势。星系与群星在平静中形成。但是那个激烈变化的时代依然在今天留有微弱的影响。

J. C.：星座开始形成，增长的火与黑暗的苍穹也呈现出某种规律。如我们现今所见，十二星座的循环：白羊座、金牛座直至双鱼座的轮次。太阳神依次造访其领域。一年之轮回如同生命之轮回。群星与我们一样，诞生、存在、陨灭。时间已经开始了。

E.：在印度，我们尊崇出生的轮回，生与死由布茹阿玛、毗湿奴、湿婆三神司属。一切活物都由其统治。

6. 元素

P.：最早的恒星由烈焰组成；相对较冷的气体夹在其间。但是，在恒星内部，较重的元素已经开始孕育。待到恒星消亡之时，这些元素就被散落到空间中。从灰烬之中将诞生新的恒星。现在的诸多行星均是由四种古老的元素构成的。

综合：地球是我的身体，水是我的血液；空气是我的呼吸，火是我的灵魂。

号角社区主题歌

J. C.：现在，乌拉诺斯与该亚之间的七大存在面，灵魂与物质都被创造了出来。新的进化阶段即将开始。

7. 生命

P.：这是一个转折点。土地出现了。到现在，宇宙已经逐渐凝固，平静下来，被分割成散块。但从这逐渐冷却死寂的物质中却诞生出更加复杂和精细的结构，包括石头、水、晶体以及化合物。之后，产生了生命，直到最终诞生有灵魂的生物。漫长而缓慢的存在之途重新回归其最初源头。

每一个新生生命都是一颗新星，一颗处于自己王国的新星。这个王国包括其周遭的元素流以及贯穿其自身的元素流。它们流动的轨迹犹如行星和彗星。这就产生了新一代所需的物质与食物。我们因此对生命及其韵律充满敬意。

8. 灵魂

G.：在一次次精神和文化的变革中，我们学会了如何表达。对于过去而言，乌拉诺斯与该亚，朱庇特与萨图恩依然存在。我们依旧是时空聚集的能量。进化并非取代了以前的模式，而是在其基础上继续前行。在艺术与科学的世界中，在宗教与神话的世界中，在我们努力争取舒适生活的时候，依然活跃的天神灵魂，也以一种新的方式化身为地神。

E.：天道和地道之间有人道相衔，所谓人道，就是与天为善，与地为善。"天地之间，其犹橐籥乎？其形可变，其体不变。"

《道德经》

J. C.：第六天，上帝按照自己的样子创造了人。如上述以及下述内容所示，上天的工作开始由具有意识的生物完成。我们可以将其推广到一切地方：乌拉诺斯与该亚，我们男人与女人的能量。天空中游荡的七颗行星，我们身体中的七轮以及自克洛诺斯时代以来的七种形与力。

P.：形成恒星的力与粒子，继而形成了行星，也形成了我们的身体。一些人认为，我们的精神与灵魂也附和着完全一样的韵律。我们自成宇宙。

我们由星尘而生。那些理解这一点的人以及善良的人能唤起世间不断转换的能量。我们结束之日，也就是我们开始之时。

尾声

这个简单展开的宇宙进化图谱展示了人性的真实历史。我们也可以从中看到自我莲花最初的轮廓。

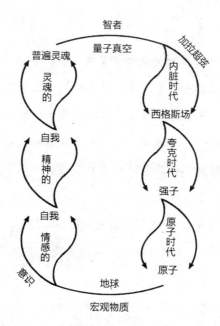

宇宙螺旋：表现了从大爆炸到人类进化到更高阶段宇宙的历史。
意识进化的阶段与物质进化的阶段是极其相似的。

第六章

灵魂之莲：自我

"自我"是一个面具，我们用它行走于世界，
很多时候也用它面对我们自己，
"自我"就是我们所认同的自己的社会角色。

莲花可以说是众花之首。它们通常在混沌的死水中开花，却能给人带来圆满的美感，以至于人们把它想象成为古远之水上最初生出的生命之象。

——让·舍瓦利耶与阿·盖尔布朗《符号词典》

莲花生长于混沌，根植于淤泥。向阳而华，跨越天地之界。对于印度教哲人而言，莲花是灵魂实现的终极符号，象征着自我由混沌走向光辉。对于佛教徒而言，莲花是佛性的象征。莲花代表着纯洁与卓越，这也是人类进取的本质，是人类一切表象的源头。早期道教的一些秘密教门则认为，莲花象征着"内在的炼金术"，是内部转换的途径。莲花象征着天道与地道之间的人道。本书中，我将用莲花表现灵魂的本质。

为了描述所谓的灵魂智力，我们需要一个自我模型，它必须比以前的思维模型更加深刻详尽。灵魂智力，从本质上说，与所有创造物融为一体，代表着动态的自我整体。我相信，只有通过整合现代西方心理学、东方哲学以及许多20世纪科学的理论，才能整合出这一更为完备的模型。

莲花就是此类整合的一个绝佳象征符号。东方哲学认为，莲花是全体性的终极象征。西方所有精神都是基于一种全体性的成果——心理学称之为"完整性"。20世纪最富成果的科学就是关于全体性（整体论）的研究：关于物理现实间是否紧密相连、精神与肉体的整合抑或关于神经错乱的整体论本质（用于巩固人的意识）。使用莲花作为灵魂智力自我的终极象征，是吸取最新科学成果，整合东西方传统的最佳途径。

　　莲花之所以能成为灵魂智力自我的象征，还因为其独特的物理结构。上一章中，我们了解到存在三种基本的人类智力——理智智力、情感智力与灵魂智力，三种思维——系列思维、关联思维以及统一思维，还有三种基本认知——第一认知、第二认知以及第三认知，以及三个层次的自我——中心（超越个人的自我）、中部（关联与人际自我）以及外围（个人自我）。灵魂智力整合了所有的三者。莲花有中心蓓蕾，东方哲学中称之为"莲花心中的珠宝"。莲花的花瓣也具有完整性，有以圆形依次突出的外围。与此同时，每一株莲花都有许多可以辨认的花瓣——无论是四片、六片、八片，还是印度教顶轮那"一千片"的花瓣。

　　我们还假设，在宇宙的发展过程中，自我有它的起源。从物理学的角度而言，我们由星尘而生，而星尘本身也是在量子真空中诞生的。从灵魂的角度来说也一样，我们可能是从与星尘相关联的原意识开始的。就好像，我们每个人是从襁褓中天真单纯的意识开始的。莲花的茎干源于原始的淤泥，映射出人类全体最初的一致。自我本身又是一种起源——进一步发展意义与价值的起源；按照量子物理的观点，自我甚至还是物理现实的源头之一。在亚洲神话中，莲花是万象之源。

　　我所提出的自我之莲，应当由外而内、由终到始地进行讨论，因为这正是现代西方文化理解自我的方式。所以现在，我们也从外围自我开始了解自身。图中，我将自我人格放置在自我之莲的最外圈花瓣上。

　　我们通常不会意识到，有一种强大的能量在内心深处影响我们的一举一动，那就是"本我"。也就是说，我们的一部分思想与大脑的并行神经网络相联系。所以，我把这种"无意识的关联"比作莲花花瓣的内部纹络。

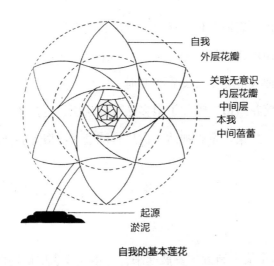

自我
外层花瓣

关联无意识
内层花瓣
中间层
本我
中间蓓蕾

起源
淤泥

自我的基本莲花

　　大约一半的西方人曾有过统一的神秘体验。所谓神秘体验即是一种深刻的现实感触，一种以自我为中心的信念意识。事实上，不论是否有神秘体验，我们所有人在接触一些新观点，在更广阔背景中思考人生的时候，都会有一种我为世界中心的感受。这种感受会在大脑中激起 40 赫兹的神经颤动，这是一种综合的功能行为，所以，"本我中心"处在莲花的中心花蕊处。

　　最后，东西方传统文化里都有脱离现实的认知观念，也就是神的来源，虽然不同文化的神有不同的名字，但是无一例外都是超然于意识与无意识的。各种能量的起源也就演变成了意识和无意识。到了 20 世纪的科学世界，现实以及本我的起源被认为与量子真空能量（宇宙空间基本能量）相关联。所以，在莲花图谱中，这些能量充当莲花生长的最初土壤和根茎。

　　"本我莲花"图谱看起来很像印度教的曼陀罗法坛，它也具备类似心灵导图的作用：引导冥想者穿越所要历经的"界"，在通向真我境界的过程中得到启迪教化。这个过程的目的在于：获取更加高深的本我知识，进而形成精神智慧。第七章到第九章将展示整个图谱，并且具体标明各种人格境界以及个性类别。

这里的"莲花图谱"吸收了很多已有的认识，包括各种西方心理学派、犹太教三生论、希腊神话、占星、炼金术习俗等。详细情况可以参考附录。

六片花瓣

"自我"这个概念新近才发展起来，是本我概念中最理性的阶段。它与神经皮层和大脑程式相关联。神经系统负责我们的理性思维和策略构思。本我有一套应付世界的规则。如果我们在童年受到情感伤害，本我会出于保护而形成应对机制，避免重复童年的伤痛。所以说，我们的本我就是一个孩子。相应地，自我则是一个面具，我们用它行走于世界，很多时候也用它面对我们自己，自我就是我们所认同的自己的社会角色。

西方文化以自我为主导，它强调的是大众角色，最重视的是理性决策的独立个体。这导致大多数西方人错误地认为，自我就是我们的全部。每一个人都是独一无二的，不会有两套完全一样的指纹，也不会有两个同样的大脑。我们每个人都在自己独特经历中雕琢出自己的命运。西方的心理学发展出客观科学范式，芸芸众生可以被划分为四到十六种人格类型，包括：内向型、外向型、现实型、感性型、艺术型、进取型等，通过测试就可以区分出你是哪一类型。

在我们的莲花花瓣模型中，自我可以分为六种人格类型。这种区分方式最早是美国心理学家霍兰德提出的。在 1958 年发表的《职业决定》中，他提出了"职业人格与工作环境理论"，这个理论就基于六种人格类型的原则，每一种人格类型都相应适合某些种类的工作。霍兰德的划分以人的兴趣和能力为基准。在很长一段时间内，数以万计的人们接受了霍兰德测试模型，拿它指导自己的职业规划。

霍兰德测试从这样一个问题开始："你喜欢做一个护士、老师、商人或者别的什么职业吗？"广泛的调查和分析得出了这样六种人格类型分类：

1　保守型
2　社会型
3　研究型
4　艺术型
5　现实型
6　进取型

这六种人格类型是两两对立的，比如艺术型的人与传统保守型的人有很不相同的兴趣和能力，现实型的人与社会型的人也有很大的差异。不同于其他人格测试，霍兰德测试是充分灵活的，它可以包容一个人同时具备两种、三种甚至四种人格特点，哪怕这些特点是相冲突的。比如一个艺术家可能会理想主义，容易冲动；同时又会在现实世界中扮演一个职业生意人的角色。再比如科学家一般是严谨的（即是研究型人格），但他／她也会喜爱爬山（进取型人格），热衷参加酒会（社会型人格）。

事实上，人总是倾向于展示不同的类型特征，恰恰好似莲花有不同的花瓣。这是人走向成熟，拥有高魂商的标志。不成熟的人可能只发展出一种风格（一片莲花花瓣）；而经启蒙的、具有高灵魂智力的人则拥有较为平衡的六种特性。所以我们说，莲花正像是一张"地图"，通过它，我们可以在纷繁的俗世中找到平衡自我的途径。这也是为什么，自我之莲模型与东方的曼陀罗如此相似。

在第十三章中，读者可以通过测试来判定自己最接近哪种个性。以下是对每种个性（莲花的花瓣）的特征分析。花瓣以及与之相应的个性根据印度的轮（chakras）由低到高排序。

第一瓣：保守型人格

只有 10% ~ 15% 的人完全符合这一类型，对于更多人来说，这种人格处于第二或第三重要的地位。墨守成规的人习惯于某种约束，而不愿一鸣惊人。他们顺从、勤勉、坚韧、现实、俭朴，但他们同样也可能迂腐守旧、缺乏想象力。他们与艺术型的人正好相反。霍兰德建议这类人适合的职业是接待员、秘书、会计等。

第二瓣：社会型人格

这是各种人格当中最大的一个群体，约有 30% 的人属于这一类型，其中女性多于男性。社会型人格的人喜欢聚群。他们友好、慷慨、善良、乐于助人。他们很容易与他人产生共鸣，也愿意倾听他人的劝说。他们富于耐心，认为协作是很自然的事情。霍兰德把他们描述为理想主义、有责任心、圆滑而温和的人。他们可以很好地胜任教

师工作，也可以做很好的治疗师、咨询师、管理顾问。同时他们大多
也善于料理家务。

第三瓣：研究型人格

　　研究型人格在总人口中占 10% ～ 15%。他们热衷于分析思考，
喜爱追求精确、深入研究。他们是人群中最理智的一类，是典型的智
者。他们对人总带有深度批判性。如果说社会型人格喜欢聚群，那么
研究型人格则需要大量的独处时间。他们富于洞察力、孤僻而谦逊。
谨慎和内向促使他们极力避免受到情感的摆布。但深度的独立自主有
时也让他们不太受欢迎。研究型人格相对集中的职业包括科学家、医
生、翻译、勘测员和研究员。大多数职业脑力劳动者的人格中都含有
研究性特性。

第四瓣：艺术型人格

　　这一类型与保守型人格完全相反，也常常与研究型人格发生
矛盾，（不过有时也存在于同一个人身上！）他们也构成人口的
10% ～ 15%。这群性格复杂的人经常不修边幅、感情用事、冲动且脱
离实际。艺术型人格者容易陷入理想主义不能自拔，就好像堂吉诃德
与风车的故事一般。与研究型人格类似，艺术型人格独立自主、富于
洞察力，不同的是他们常常无所顾忌地表达出他们大胆的想象。叛逆
和原创性使他们充满直觉，再加上敏锐和开放，他们也颇受欢迎。这
种人格类型的人多见于作家、音乐家和艺术家，同样也可以胜任记
者、设计师、艺术评论家和演员。

第五瓣：现实型人格

具有现实型人格的人冷静、客观、务实，从不打诳语。这个人群大约占人口 20% 的比例，男性远多于女性。他们不喜欢过于亲密的关系，与社会群体始终保持一定距离。他们不受拘束且天赋过人。他们说到做到，但也不乏过于顺从、不善应变的一面。他们的创造性洞察力很平庸，但却格外坚毅和俭朴。这是唯一被霍兰德描述为"正常"的人格。这种人格的人更倾向于亲自动手的职业，与机器打交道。比如司机、飞行员、机械师、厨师、农民、工程师等。虽然现实型人格与社会型人格正好相反，但他们却经常可以结成恩爱夫妻，互为补充。

第六瓣：进取型人格

这一群充满自信、性格外向的人构成了剩余的 10% ~ 15% 人口。他们充满了雄心壮志、激情似火、讨人喜欢，不过也更容易飞扬跋扈。凭借冒险精神和充沛的精力，他们极力寻求刺激，喜欢调情，也容易自吹自擂。进取型人格通常是乐观的，不仅敢作敢为，而且自信心高涨。他们合群，喜爱交际。因此很多政治家来自这一人格类型，当然也有很多是售货员、经理、经纪人和小企业家。在警察和军人中也可以找到进取型人格。

人格的发展与平衡

总体而言，霍兰德的人格类型学与本书提出的理论（自我之莲）非常吻合。但我们必须强调，正如霍兰德自己也承认的，普通人一般都是几种人格类型的混合体。

在理想情况下，灵魂智力不断完善，我们的人格会逐步地平衡到上述六者之间。不过，实际上，多数人如果在少年和成年时候分别参加霍兰德测试，结果不会有什么两样。换句话说，在成长的过程中，大多数人在自我这个层面变化不多。但在这本书中，我将重点讨论少数有所变化的情况，同时也会强调这样一个观点：人的灵魂智力有可能提高，并带来巨大的变化。人格一半是先天遗传，另一半为后天获得。我们无法随意成为自己想成为的角色，但只要我们真的想做出改变，可能性还是很大的。

在成长中，我们大多数人都努力使自我人格与周围环境尽快匹配。但随后，一般在中年危机到来期间，许多人会反思自己的人格，追寻更佳的平衡。荣格称这样一个二次成长过程为"个性化"，并将其与生命的精神维度相关联。这当然也就是魂商的目的。

迈尔斯 - 布里格斯系统

我们可以把霍兰德的六种人格类型与另一种非常流行的系统做比较分析。1921 年，荣格曾把六种风格的自我活动描述成三对相反的组合：内向—外向，思维—情感，感觉—直觉。人们习惯于将上述组合融合运用。比如说，我可能是一个外向情感型人格的人，而我的第二种属性可能是内向直觉型的。荣格的研究为后来流行的"迈尔斯 - 布里格斯性格分类法"（MBTI）打下了基础。每年，全球有超过一百万人通过各种教育或商业机构参与 MBTI 测试。

然而，上述荣格人格类型分析也曾被质疑过。比如说，人们可能既擅长思维也擅长感觉，或者两方面都不擅长，这要依情况而定。但荣格人格类型的基本概念却依然很有用。其中的某些组合与自我之莲相互映射。例如，荣格人格类型中的外向感觉型就可以与霍兰德理论中的社会型对应。而霍兰德理论中的艺术型人格则可以与荣格的内向感知型（内向感觉型加上内向直觉型）相对应。

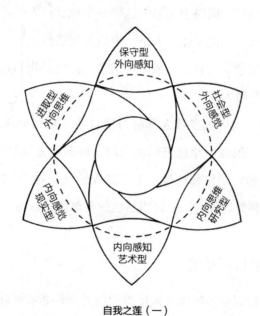

自我之莲（一）

第七章

灵魂之莲：动机

我们如何认知与如何感受周围情况，
二者碰撞之处就是动机——对于周围环境我们希望做些什么。

无意识关联的巨大存储是自我之莲的中心。这个巨大的存储部分包含了记忆、关系、方式、象征和原型，它们左右着我们的行为、梦想、肢体语言、家庭与社区的联系，它赋予生活意义并且不受理性的支配。在这一部分的自我中，技能和模式被嵌入我们的身体和大脑的不定性网络。正如弗洛伊德描述的本能冲动一样，无意识在按照自己的逻辑和能量沸腾。相对而言，意识的自我形成更加精确。

意识和无意识是怎样相遇的？它们如何交换信息、商榷策略？两者之间的边缘又有什么？这又和魂商有什么关系？

动机—意识和无意识的边界

意识和无意识的一个关键联系就是动机。在自我的基本莲花图中，我们将动机和其背后的态度置于莲花花瓣的外围自我和关联中部之间，并且扩展进这两者之中。外围的自我指智商以及我们如何认知情况。关联中部指情商以及我们如何感受周围情况。这两者的碰撞之处就是动机——对于周围环境我们希望做些什么。因为魂商的一个内容就是思索是否希望改变现状，因此，动机也许会和锻炼我们的魂商有关。的确，之所以自我会有六种（莲的六个花瓣）涉及世界的方式，其主要原因就是由于存在六种动机。

艺术家为什么想要创造一些不存在的东西？雄心勃勃的人为什么想要征服高山？喜好研究的人为什么如此想要"了解"？动机是我们的动力，将情感中潜在的能量送入自我人格渠道并继而付诸行动。"动机""情感""行为"——这三个词来自同一词源，都是关于如何引导心理能量的。有一点很关键，就是去了解存在什么样的动机以及我们如何能够改变或者拓宽引导我们基本的、深层次的自我能量的路径。换言之，了解动机对于锻炼我们的魂商很关键。

大部分西方心理学家认为，动机是意识和无意识的混合。一个艺术家可能部分地意识到他为什么要画一幅画，但是他并不知道在他大脑深处，还有无意识的动力推动着他创造出他从来没有见过的图景。一个政治家部分意识到他为什么要推动某一个理想，但是他并不完全了解他的激情来自哪里。有时候我们自己就是陌生人，因为我们不仅仅是自己意识到的那部分。

心理学家还强调动机和驱力（一种主要通过本能推动我们的力量）不同。比如，繁殖是所有动物都有的本能，但是亲昵行为却是高等动物进化而来的动机。保卫领土是多数动物具备的本能，但是"自作主张"却是人类和高级猿类才有的动机。动机更多是心理上的，它是自由意志的实践，是真正的选择。对人类来说，动机可能代替了我们失去的本能。

根据人格理论，特定的动机总是与特定人格类型相关联。不过，究竟有多少种基本动机，目前尚没有统一意见，哪些动机与哪种人格关联也没有达成一致。美国动机心理学家 R. B. 卡特尔是西方心理学中最杰出的人物之一，也是人格测试惯例的重要支持者。他做了非常全面的测试，其成果也得到了广泛的运用。他的测试方式包括意识偏好陈述、测谎器类型回复、在特定活动中投入的时间精力的测量等。

弗洛伊德认为人类只有两种基本动机，即性和攻击。卡特尔则概述了 12 种。但是我认为这其中有的更应该被看作驱力或本能，比如饥饿；另外一些则是积极动机的消极形式，比如自恋；还有一些可以被描述为习得行为，比如对职业的忠诚。

所以我从卡特尔的动机分类中选取了六类作为基本动机，并且加以重新命名和分类。这些动机与霍兰德的六种人格类型相关联，也就是和莲的中心以及六个花瓣相关联。这些动机是：

○ 社交

○ 亲昵

○ 好奇

○ 创新

○ 建设

○ 自作主张

我将指明霍兰德的哪些人格类型组成了这些动机。

社交与保守型人格和莲的第一个花瓣相关。它被以下兴趣所推动：参与群体的兴趣，参与或观看体育活动的兴趣以及享受集体活动的兴趣。将社交作为主要动机的人几乎不会出现反叛或者孤僻，也不会发生退隐和自恋——自我的当务之急和无力联系他人。（卡特尔）

两代人之间的亲昵与社会型人格和莲的第二个花瓣相关联。这类人被给予爱或追寻被爱的需求所推动。在卡特尔的方案中，这个动机与双亲的保护感相关。它也与乐于助人有关。亲昵动机的消极面则是愤怒（卡特尔）和仇恨。

好奇与研究型人格和莲的第三个花瓣相联系。这类人被探索欲望推动，对文学、音乐、艺术、科学、思想、旅游、自然等方面感兴趣。消极的表现包括恐惧、退却和冷漠。

创新与艺术型人格和莲的第四个花瓣相联系。这类人不喜欢标准化的生活，希望做出从未有过的事物，说从来没有人说过的话，追求没有见过的事物，梦想着不可能的事情。消极表现为破坏和虚无主义。创新动机在卡特尔的体系中只被命名为"性"，但是在很多其他心理学研究中都被作为"创新、生命本能或者浪漫感觉"来研究。这是 10% ~ 15% 的人的主导动机。由于意识的本质和大脑成长的方式，它也在所有人身上体现出来。

建设与现实型人格和莲的第五个花瓣相关。它来自从把玩机械小玩意儿、搭建和修理东西而得到的快感。这类人通常有着丰富的内心世界，但是很难将它们用语言文字表达出来。在机器化大生产时代之前，这些人能够通过陶艺、家具制作和其他手工艺表达感情。现实型的人遵循卡特尔称作"自我控制"的习得的动机模式，强调自尊、自我控制，关心社区，做良好公民。

自作主张与进取型人格和莲的第六个花瓣关联。这类人被名利和成功所推动。更进一步说，这类人还喜欢做领导者，喜欢贡献于社会或者超越个人的利益。消极方面是逃避责任、自我贬低或者是由于私人原因滥用权力。

卡特尔还找到了一个更深的动机，称为"宗教性"。我也接受它作为一个核心动机，但是出于它所关联的经历，我更愿意把它称作"合一"。卡特尔将它归为"与上帝接触的感觉"，或是"帮助我的斗争并赋予其意义的一些原则"。这种动机看似并没有与某种特定的人格类型挂钩，它是一种普遍存在于所有人格类型的潜在驱动力，关系到我们一切行为的意义与价值，所以我把它放在了莲花中心，而不是任何一个花瓣上。

无意识关联：莲的中间层

自我之莲的中部是个人的无意识和弗洛伊德所说的本能冲动。宗教的图像、神话的叙述以及我们文化的内在节奏、夜晚睡梦中的情景和白天行为的心理模式也都在这里。在这里我们能看到自我之外的智慧和疯狂，了解到精神分裂者的梦魇和幻想家的狂喜。这里是我们与诸神、民族英雄以及地下魔鬼交谈的地方。这里的能量在自我演变过程的深处第一次开始生根。

中部的概念是弗洛伊德在他的神经症和梦的研究中首先提出的。之后，经由荣格和其他学者而得到极大的发展。他们把精神病患者和有史记载的原始人类、神话传说、图像符号结合起来进行研究，发现其中重复出现一些图像符号模式，这意味着存在一种心理无意识的普遍结构，即荣格所称的"集体无意识"。

这些重复出现的模式的原型是什么？它们如何与人格的自我阶层相关联？又是与哪些人格类型相匹配？哪些深层能量与上述这套基本个人动机相联结？这些深层心理能量的结构又是什么？它们为什么会如此普遍？

在外部，自我层陷入困境。自我不能自动修复或者转换，这是深层无意识的源泉。那么是什么在推动它们？它们又是如何使自我充沛的？总而言之，这种转换是如何发生的？

这些问题把我们引到莲上的一点，在这里首先要介绍一下印度教瑜伽教理中生命力的七轮。西方文明没有和这个"莲花梯"相等的物体。这个蛇形莲花梯演示了能量转换，身体中的七个重要位置代表了存在和转变过程中心理发展的七个阶段。通过将七轮引入到我们的莲花中来，我们找到了一个动力能量，它代表个人动机的进一步初级阶段。这里值得再次强调：由于动机能够转变意识和带来变革，因此动机是培养我们魂商的重要元素。

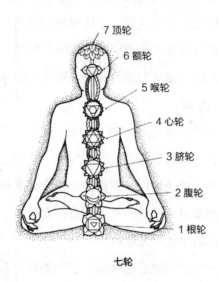

七轮

在七轮中更是如此，在印度教传统中，沿着七轮向上是个人转换的关键。

这些印度教能量点几乎与基于卡特尔理论的西方静态结构的精神完全吻合，也与我描述为无意识的多种原型和行星神灵［见莲花（二）图］相符合。这些坚定了我的信念：自我包含了普遍的结构和确定的能量，要想提高魂商，我们必须利用它们。

接下来，对莲的中间层继续做一些深入分析。这里是与每一个人格类型相关联的无意识部分。许多文化中的图像和符号都可以提取出几个基本模型。对于这些在不同文化体系中反复出现的模式的总结参见附录表格。

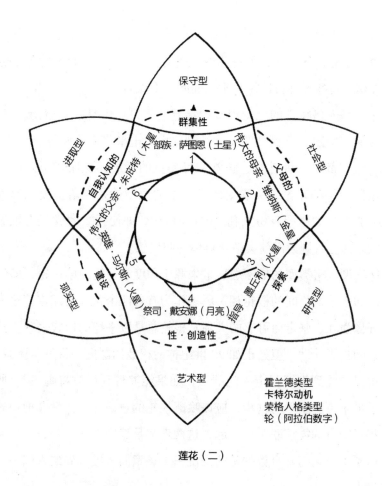

保守型

群集性

进取型

社会型

自我认知的

部族·萨图恩（土星）

伟大的母亲·维纳斯（金星）

父母的

1

2

伟大的父亲·朱庇特（木星）

6

指导·墨丘利（水星）

英雄·马尔斯（火星）

5

3

现实型

建设

探索

研究型

4

祭司·戴安娜（月亮）

性·创造性

艺术型

霍兰德类型
卡特尔动机
荣格人格类型
轮（阿拉伯数字）

莲花（二）

保守型人格的深层根源

古老的西方科学、希腊和罗马神话、早期巴比伦神话、埃及神话都通过七颗行星模型来分析心理结构。按照古老物理学理论，除非由一个生命推动，否则身体将逐渐趋于静止。这七个"徘徊者"被认为是神灵的家。在古老正统观念中，神灵与心理性状和人格类型相关联。这种观念在今天还在继续，比如，多愁善感的情侣（月亮）、尚

131

武的音乐（火星）、性病（金星）。相似地，荣格的集体无意识原型与行星也几乎完美地对应，卡特尔的人类动机方案和印度教七轮体系也极为相似。这些设计可以说是不约而同、不谋而合。

保守型人格将它的无意识根源追溯到土星（萨图恩）。土星移动非常缓慢，萨图恩比奥林匹亚诸神都要大。土星代表着坚定、结构、平衡，这些都是一种健全、正常和可预见的性质，与保守型人格一致。按照荣格的理论，关联集体无意识的原型就是部落，被他称为"神秘的参与""原始身份"和"群体融合"。即使独立的成年人也需要这些东西，否则人们就会缺乏群体的归属感。

保守型人格类型的最深层能量来源于印度教七轮的第一轮，即位于肛门和生殖器之间的根轮相关联。作为有着四个花瓣的莲花，这一轮恰好像强壮、坚定而可靠的大象。根轮总是以平稳的形式表现，没有明显的扩张冲动。但是正如20世纪神话权威约瑟夫·坎贝尔所说，大象也是"受到责罚行走人间的云，如果能够得到释放将腾飞"。所以为了带来更高水平的进步，应该唤醒根轮的意识。一些学者把根轮和幼年对安全的需求联系在一起，这两者都是稳定发展的基石。凯洛琳·梅斯则将它与基督教的圣礼浸洗——孩童向人类世界的入门——关联起来。

社会型人格的深层根源

社会型人格类型和它的主导动机——亲昵，都与金星维纳斯关联。维纳斯是罗马爱情女神，相当于希腊神话中的阿弗洛狄忒。维纳斯燃起、滋养并保护男女间的激情。荣格的"伟大的母亲"的原型同样也表现了这种滋养和保护的特质。

　　七轮的第二轮是社会型人格类型的深层能量来源，位于生殖器之上。这个朱红色的瓣莲与水相连。最初的能量是性和亲子关系，这种能量不用言语、人口生产或者结婚率体现，也不会扩展到更宽的活动中去。一些学者将这一轮与内脏一级的感受联系起来。这些感受通常在性伙伴和亲近的家庭成员间产生，包括移情和养育。这一轮的能量如果发生扭曲，可能引起病态的性迷恋。弗洛伊德几乎将整个心理分析都集中在这个能量层面。

研究型人格的深层根源

　　研究型人格类型的主导动机是好奇，两者与罗马墨丘利神（希腊赫耳墨斯）相关联，他是年轻的使者，将信息带给朱庇特（宙斯）的人。墨丘利神也负责将灵魂带到阴间（深层知识的源泉），有时也带回到阳间。他像孩童般善变，很容易和荣格的“永恒孩子”联系起来，他也是灵魂的指路人。

　　这一类型的深层心理能量来源于第三轮（脐轮）。这是一个十瓣莲，象征着炽热的光，用力量掌控世界。其标志是一个白色三角形，中间有火焰和十字记号。这里的能量对应于我们独立和自信的冲动。就好像弗洛伊德所描述的潜伏期，情感和性在这里是第二位的，智力、成就和自信的活动才是第一位的。

艺术型人格类型的深层根源

　　艺术型人格类型和其主导动机创新（对现实的转换），与不断变化的月亮（罗马神话中的戴安娜，希腊神话中的阿耳特弥斯）相关联。月亮照亮黑暗，象征着深层无意识中的直觉和认知。它代表了黑暗的力量，暗示着创新、魔幻和转换。黑暗中的创新来自深深的底层，来自意识之外的那个自我，来自超脱理性和逻辑的灵感源泉。在古希腊，月亮与情感的自由迸发联系在一起。与之对应的荣格的原型是女祭司或女魔法师，她们是死亡和重生（月亮的相位）的守护者。很多人也把它与萨满教道士、智慧的人联系起来，这些人在意识世界中游荡，将复原和转化带给困扰的灵魂。

艺术型人格类型的深层心理能量来源于第四轮心轮。它是红色十二瓣莲，与空气元素相关联。按照约瑟夫·坎贝尔和他的印度教义，前三轮与现世生命关联，包括社会、性、养育、个人认知。但是心轮关注的是更高层的东西，这里是思想和感觉碰撞的地方，我们在这里接受新事物和更深刻的思想。凯洛琳将这一轮与基督教的结婚圣礼联系起来。

现实型人格的深层根源

现实型人格类型的人喜欢奋斗和物质成就，对应于罗马神话的战神马尔斯（希腊的阿瑞斯）。马尔斯不是特别智慧，也没有多么丰富充沛的感情，但是他有强大的勇气和毅力。荣格的原型是英雄，英雄总是与黑暗力量抗争去赢得自己珍视的东西。

现实型人格的深层心理能量在第五轮喉轮。这一轮是个紫色烟状的十六瓣莲花，与印度教的神灵——雌雄同体的湿婆有关。湿婆穿虎皮衣裳，挥舞三叉戟、战斧、宝剑和霹雳。一些人将第五轮与现实世界的艰难抗争联系起来，也象征着争夺军事的力量。

进取型人格的深层根源

进取型的人诡计多端，喜欢坚持己见和政治争斗。对应于古罗马神话中的众神之父朱庇特（希腊神话中的宙斯）。他是天空之神、风雨之神，神通广大，但是性格暴躁，有时甚至残忍暴戾。他像政客一般喜欢玩弄诡计，带来灾难性的后果。与其对应的荣格原型为象征着领导力与权威的"伟大的父亲"。

进取型人格的基本精神能量源于第六轮额轮。额轮位于双眉之间，形象是双瓣白莲。坐在白莲之上的是六头之神 Hakini，他能驱除恐惧，发送神符。约瑟夫·坎贝尔引用印度学者的观点，认为处于眉心轮阶段的人会完全被神的显圣而耗尽。但其他学者则将眉心轮与智慧和成熟关联起来。它也象征着处于中年危机的人们——一个人发展到一定阶段，取得了世间的成就之后，就开始苦恼于如何追求生活的深义。凯洛琳·梅斯将眉心轮与基督教任命牧师圣职时的圣礼相关联。

随着逐步深入自我的核心，差异与界线也逐渐融合消失。每一种人格类型都是从我们的普通精神遗传提取出来的。荣格将这样的深层象征称为"集体无意识"，即人类共同的无意识的记忆。到现在，我们已经找到了所有的行星神灵，所有的原型。所有的轮都一并涌出，通过我们的梦境以及无意识关联融入我们的人格与行为之中。我把轮的概念理解为一种能量力，正是这种能量力，将最深层无意识与最深层的自我（自我莲花的蓓蕾）相关联。现在让我们来看这个中心部分，这里是所有能量、符号以及自我结构的起源地。

第八章

灵魂之莲：内在中心

自我中心是我们的源头，它不仅完整，而且无穷无尽。
自我中心就是一个更广阔，甚至可以说是更神圣的真实。
它滋养着我们，培育我们的创造力。

三十辐共一毂，当其无，有车之用。埏埴以为器，当其无，有器之用。凿户牖以为室，当其无，有室之用。故有之以为利，无之以为用。

——《道德经》

现代西方文化可以说是一种"缺少中心"的文化。在牛顿的物理世界中，没有一个特定的中心，只存在各种物体以及它们之间的吸引力。在西方医学里，身体也没有什么中心，只不过是多个部分——心、肺、肾、大脑等的组合搭配，人们对各个部分——进行独立的研究。在西方教育中，人们对教育并没有统一的理解，只是分门别类地教授孩子数学、地理、历史等"科目"。在传统西方宗教里，我们认为上帝在"那儿"，我们在"这儿"，怀着对上帝的崇敬。

同样地，在西方心理学中，自我（或者是人格）也没有中心。我们只是一套遗传趋向、一套行为特性的结合体。心理学仅仅按照这些表面特性来帮助人们了解自己，而没有为我们提供统一的内在焦点。在本书中，现代心理学不是一个精神智力的概念。

以上《道德经》的这段引语阐释了东方传统哲学。他们认为，空无包含着一种丰富（就好像20世纪物理量子论一样）。静止是真理的见证者。一个无处不在的中心将一切的存在凝聚在一起，虽然这个中心我们无法看到或表达出来。自我是无法被感受和表达的，除非通过它的中心。这个中心就是通过内心表达出来的整个造物，是我作为"我"去经历的。"吾即宇宙，佛在我身。"东方经文如是说。"宇宙之光在我身，哪怕过错使之晦涩。""存在于内心的自我，不是照向前方，而是藏于万物之中。""神秘出现的神光照耀每一个人。"印度人是这样说的。①

西方基督教的神秘主义中也存在一个内在中心，它对真正的认知非常关键。我们在《约伯书》中读到："其实是在人里面的灵、是全能者的气使人能明理的。"（第三十二章第八节）圣路加在他的《路加福音》中告诉我们"上帝之国在你心中"，而在《路加福音》和《约翰福音》的另一些篇章中，这个"心中的王国"被比拟成一个细小的种子，种子最后能够长成一棵大树。

神秘的基督徒圣十字约翰将灵魂的中心定义为上帝。"……当灵魂依照它的整个运转力量获得它时，将达到灵魂最深最终的中心"。②同样地，美国现代神秘修士托马斯·默顿相信，灵魂不是单独的个体，"而是我们体内中心的虚无的一点，并且完全从属于上帝"。③这虚无的一点是一种深刻的孤独，而正是在最孤独中我们遇见上帝："这个内心的'我'总是单独的，总是世界的，因为在内心的'我'中，我的孤独遇到了其他人的孤独以及上帝的孤独。"

17 和 18 世纪的犹太神秘经文也表达了同样的意思："了解自我就是了解上帝和他所造出的世界的一种方法。"——拉比施奈尔·查尔曼如是说。苏格拉底哲学的基石就在于"了解你自己"——通过对自己的了解而掌握真善美。逐渐地，对深层自我中心的认知不再成为神秘家或哲学家的专利。当代英国雕塑家安尼斯·卡普尔的作品勾画了一种意味深长的自我及现实虚无，并将自我中心描述成为"静谧单一之地"。作家马丁描述了一个士兵经历死亡的体验，从中我们可以了解

---

① 图齐，《曼陀罗》，第 14 ~ 15 页。

② 引自约瑟夫·坎贝尔著，《神话形象》，第 280 页。

③ 图齐，《曼陀罗》，第 78 页。

到，这位士兵在面对死亡的恐惧时，其内心的自我中心让他坚不可摧。

1916年夏天，我随所在的军队上了前线。那是我们第一次主动的战争经验，必须在傍晚向战壕进发，我们都紧张极了。我们重装启程，颠簸在布满鹅卵石的小路上。大雨瓢泼直下，把我们都淋湿了。我们一直行进到半夜，一片漆黑之中来到了一个半废弃的村庄。一切都处在静谧之中，丝毫没有战争的氛围。我们驻扎在空荡的农屋里，虽然残破，却有屋顶挡雨，四壁遮风。我们挣扎着卸下装备，刚躺下就进入了梦乡。

睡梦中突然听到了一声尖叫，还有宛如世界末日般的爆破声。几秒钟之后，又是一声恐怖的持续很久的尖叫。我躺在地上，感到了一种从未有过的极度恐惧，呼吸急促，下半身控制不住地颤抖。与此同时，我的上半身本能地向前探出，想知道发生了什么事情。

我被俘虏了，整个过程干净利落，就如同一个优秀的外野手接球一般。一种莫名的如释重负的感受流向我的全身。我比任何时候都更清楚地知道，我是安全的。起先，我知道自己随时都可能被炸成碎片。然而我期待自己被炸，这可能是命中注定。在我心中，有一些东西坚不可摧。我停止颤抖，回归镇定，重新振作。又一颗炸弹落下来爆炸，我却不再感到畏惧。

用现代心理学的分析方法，自我中心与人类想象力起源相关联。人类想象力深深地根植于自我之中。我们通过自我而梦想，培育出一切不存在的东西。佛教禅宗认为，自我中心更加深邃，超乎一切想象。

倘若我们可以逾越集体无意识，从而穿越了自我的最终障碍，那么我们就能在无际空海中获得真正的新生。这会是无限的自由：无自我，无心理，无思想；这也会是生活的巅峰，完全无条件无边际的生活。在这里，我们看到了美丽的鲜花，还有我们可爱的亲朋好友，一切事物的本质都如此美好。我们像珍惜奇迹般地珍惜每一天的生活。

自我中心是我们的源头，它不仅完整，而且无穷无尽。自我中心就是一个更广阔，甚至可以说更神圣的真实。它滋养着我们，培育我们的创造力。当代科学家也曾提到自我中心是创造力的源头。在《一个物理学家的信仰》一书中，亨特利写道：

物理学家受到自我经历的驱使，意识到人性具有广阔的深度和能量，远远超越了心理分析的范畴。意识中蕴藏着鉴赏、理解以及综合推理的能力。这些能力是一种潜在的智慧，远远超过人们所了解的程度。这就意味着，物理框架经过众多事实填充，构成了精神区域。在这里，现实让位于综合推理。

亨特利的讲述、40赫兹振动、情感符号关联以及关联感知的综合推理，这些都极其相似。越来越多的科学研究涉及我们的精神生活。这大大推动了对自我中心的了解。

自我中心是本书最重要的关注焦点。它其实是各种大脑行为和内心自我定位的统一体。内心自我定位是我们的一种精神智力。通过体悟什么是自我中心，体悟个体如何贯穿自我中心，我们可以训练和提高魂商。

相反地，忽视自我中心会导致精神麻木。我们常听到一句话"发现自己"，如果发现自我已经远远地偏离了莲花花瓣，那将是一种非常肤浅的本我认同。

那么到底什么是自我中心呢？那个深埋我们内心的"我"到底是什么？在神话故事和荣格原型中试图发现的又是什么？与自我中心相关联的动机和轮能量是什么？20世纪的科学家们可以为我们提供这方面的知识吗？

自我中心的符号

太阳是其他行星运行的中心，是光、热和生命的能量源。同样在莲花模型中，自我中心就好比太阳。

荣格原型的自我是西方世界里最接近莲花中心的概念。荣格描述的自我同时包含无意识和有意识，既是内心又是边界。

这看来是一个悖论，不过我们可以了解到荣格的真正含意。根据分析，最初的自我在出生时产生，然后形成意识自我和情结以及成人的中心自我。这个情形就好像稀薄的气体慢慢形成了太阳和其行星，又好比莲花花茎上慢慢长出了花朵。另外，最重要的是，荣格认为自我是人格的综合或转化。

他认为，自我会在人经历中年危机后变得容易接近。在那时，通过与"超越功能"结合，自我原型同化了人格中的对立面，如思维与感受。自我原型和超越功能其实是自我转化的符号和过程。但是荣格认为自我转化适应于接下来的生活，而本书认为它是一种贯穿我们一生的潜在行为。

荣格也使用了一种类似"魂商"的术语，他认为自我原型无法与追求意义的心理相分离。正如荣格学者安德鲁·萨缪尔斯所指出的那样，荣格反复地使用了"统一""秩序""组织""全体""平衡""整合"以及"总数"这样的单词，"这么多类似术语的使用，表明自我与意义问题存在本质的关联"。

印度七轮中的第七个，即顶轮与中心能量密切相关。在西方传统宗教绘画中，它经常被描画为浮在头上的一个光环。它是一种纯正而明亮的能量，"纯粹的光芒，一种超乎名称与形态、思想与经验、甚至超乎'存在'与'不存在'概念的光芒"。有千片花瓣的莲花放射出的光芒代表了顶轮，正是它实现了人类灵魂与上帝（任何一种我们可称之为上帝的存在）的统一。同时，在它耀眼的中心有一个终极的yonitriangle（意为创造的象征），其中闪烁的空白被诸神秘密地隐藏着，很难发现。

虽然顶轮的能量可以创造出新的标志和形态，但轮本身则基于所有固有形态。我们可以在偶尔发生的完美经历中体会到这种纯正的能量，九死一生的经历也经常带来这种体会。但丁在他的《神曲·天堂篇》中描述了这样一件事情：

> 只不过是一瞬间，对我却像患上嗜睡症，
>
> 这瞬间的嗜睡竟比对 25 个世纪以前的壮举的记忆更加昏迷不清，
>
> 正是那壮举曾令奈图努斯呆望阿耳戈船影。
>
> 我的心灵也正是这样，全神贯注，
>
> 我目不转睛、纹丝不动、聚精会神地呆望着，
>
> 心中燃烧的烈火愈来愈旺。
>
> 在这光芒照耀下，我竟不能转身，不能容许自己离开那光芒，而去把其他物象观望。

中心的神经学与物理学原理

在《楞严经》中，佛的大弟子阿难尊者提了这么一个问题："至尊的佛啊，您曾说过，存在一个纯正、唯一、不朽的本质，但我无法完全明白。我的六种感官总在感受着这个尘世，它是那么多彩多姿。既然本质是唯一的，为什么又会有如此多样的表现呢？"作为回答，佛拿出了一个手绢。"你看，"他说道，"这是一个手绢，现在我给它打六个结，虽然我们现在看到的是六个结，但它实际上仍然是一个手绢。"

但是这样的说法对现代人不具有说服力。今天的人们需要更加"科学的"解答，需要可以"衡量和测定"的实验数据。

正如第四章所述，从神经学上讲，大脑整合的经验通过贯穿整个大脑的40赫兹神经振动释放出来。它们为更多的脑电波"荡漾"提供了"水池"，从而使我们产生了大量的自觉或不自觉的精神体验。这些振动就是自我的"中心"，它们是"我"得以生成的神经之源。它们是我们整合、融入背景，并转化灵魂能力的基石。正是这些振动使我们的经验处于一定的意义框架内，使我们找到生活的目标。它们构成了一个物理能量之源，而这种物理能量存在于我们所有疯狂的精神体验中。

要想透彻地解释宇宙中心的物理原理，必须依靠量子场理论。量子场理论将所有存在物质都解释为能量的振动状态。你和我、我们身下的椅子、我们吃下的食物都是某种能量形式。那么这种能量振动到底来自何处呢？第四章里说到，所有存在物的基本状态都是一种称为量子真空的东西，类似于平静的"大洋"或背景中的稳定能量。

这个量子真空就是对佛手中那个手绢的科学解释，当它被打成很多个结（被刺激而成多种不同的能量状态），就会有很多种表现形式。

任何存在的物质都是量子真空的刺激演化物，于是真空便成了存在于所有物体内部的中心。真空能量既是宇宙的基础，同时也使得宇宙不断扩散。由于我们本身就是宇宙的一部分，所以真空能量也是自我的基础，并使得自我扩散。我们是真空这一"大洋"中的"浪花"，真空是自我的终极中心和源泉。当自我真正被置于中心位置时，它就会成为所有存在物的中心。在我们的自我莲花中，量子真空就是莲花生根发芽的"淤泥"。

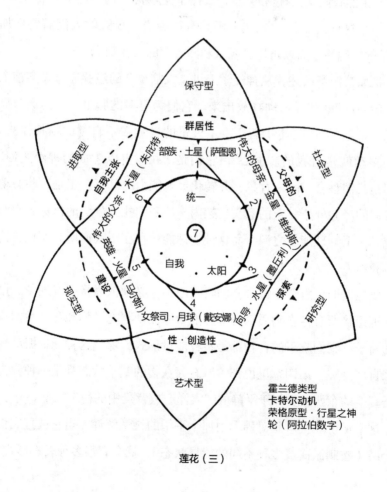

莲花（三）

我们如何运用自我之莲？

自我之莲是人类灵魂在不同层次上的反应，从极端理性的自我到与中心的不自觉联系。每一片花瓣，即每一种个人层面上的人格类型都可以单独存在，它们可以独立于其他的个性，独立于相关的无意识，甚至独立于中心。但这会导致精神发育不全，关于这一点我们将在第十章中详解。精神上智慧的自我需要更多样的融合。比如，作为一个医生同时需要智力和交际能力。顶尖的科学家们除了精深的专业知识外，也运用他们的知识为更广泛的人类生活做贡献。伟大的艺术家们超越个人去达到神话一般的无意识境界，他们若想真正创造出栩栩如生的作品，就不得不与自我中心擦出火花。的确，我们所有人若想获得智慧的灵魂，并使我们的生活充满勃勃生机，就必须与中心发生接触。这一点将在第十章和第十一章中进行更为深入的探讨。

至此，我想以美国 20 世纪的僧侣托马斯·莫尔顿关于曼陀罗的一席话来结束本章。我想，没有比这一席话更能解释为什么要运用自我之莲图示了。

曼陀罗是用来干什么的？……一个人苦苦思索曼陀罗是为了更有效地驾驭自我，而不是"被它控制"。通过对曼陀罗的沉思，他／她可以分解和重新建构自我。一个人对曼陀罗的冥想并不是为了"学到"一种宗教理论，而是为了成为在自我中心登基的佛。

第九章

是什么阻碍了灵魂的成长

灵魂之痛产生于人与最深层次的自我分离或矛盾。
它是一种分裂、疏离和失去意义的体验。

所有的真相都在地心。但是如果地心和地表交汇，那么我也许就会崩溃。

——精神分裂症患者理查德

在这一章里，我们来详细了解灵魂疾病和精神崩溃是怎么发生的。首先解释灵魂疾病的定义。

在弗洛伊德看来，人的精神会由于愤怒、畏惧、妄想、压抑、强迫等原因而失去平衡，其本质是本我、自我、超我三者之间动态冲突的不平衡，即一种在理性、有意识的自我和下意识的需求三者之间的不平衡。诱因包括父母不够慈爱、外界的期望过高，社会的道德准则也在不断压抑和弱化我们的自然本能。

灵魂疾病和魂商的降低是由内心问题造成的。有的人称之为"存在性疾病"。导致疾病的原因在于自我和滋养自我的根基分离，这个根基贯穿自我和与之相连的文化，一直延伸到存在的土壤中。荣格非常关注这种灵魂性疾病，他指出，任何一个神经官能症患者"其实都是一个苦于无法发现自身意义的可怜灵魂"。[1]爱尔兰医疗顾问迈克尔·基尔尼称这种痛苦为"灵魂之痛"："（它）产生于人与最深层次的自我分离或者矛盾。和灵魂的连接可以带来完整感和意义感；相应地，灵魂之痛是一种分裂、疏离和失去意义的体验。"[2]基尔尼长期在都柏林的一家收容所照顾垂死的人。他强调灵魂之痛既是很多身体疾病的本因，也是这些疾病会带来痛苦的原因。

---

① C.G.荣格，"精神治疗师还是牧师"，《荣格文集》，第十一卷，第497段。
② 迈克尔·基尔尼，《缓解灵魂之痛》，第2页，如欲了解基尔尼更多关于本性和灵魂之痛的观点可以参见《致命的伤口》。

导致灵魂发育不良的原因有三条：

○ 缺少自我的一些方面；

○ 自我的一些方面过度发展，甚至如癌细胞一样恶性发展；

○ 自我的各个方面缺乏联系或者互相冲突。

从自我莲花的图谱上看，灵魂疾病位于一些较远的花瓣上，它们与其他花瓣（人格的不同方面）分离。更为重要的是，它们与赋予活力的中心分隔开，所以无法接收到中心的同化①力量。

和主流的西方心理学和精神病学一样，灵魂病理学同样需要研究躁郁症、成瘾症、妄想症等病症。但是不同之处在于，灵魂病理学将这些病症的原因归结于意义和价值观的问题。灵魂病理学还触及主流心理学通常不涉及的领域——绝望、"自我的阴暗面"、着魔、邪恶。

精神分裂症就是一个经典病症。精神病专家们认为，精神分裂症是由环境、关系、个人反应、个人选择等几个心理因素构成的。但是在我们看来，精神分裂症更是一个灵魂问题——精神病患者无法触及自我中心，也无法使用自我中心的能量。所以，精神分裂症的原因在于自我中心障碍和慢性低魂商。他们无法同化自己或者这个世界，因而情感和领悟都显得十分唐突。

我在本章开头引用了理查德的话，他被"中心"所吸引，但是却十分害怕"中心"和"表面"的冲突，也就是他能够进行有意识的自我交汇。接下来我将讲述理查德的故事，这个例子很好地解释了什么是灵魂智力，以及灵魂智力低下如何妨碍人的发展。

---

① 【心理学】同化：导致（性格特点的）融合。

理查德现年 35 岁，在过去的十年间歇性发作精神病，使他基本无法生活自理。他总是精神恍惚并且沉溺于和自己的对话中。他睡得很少，胡乱地支配他的金钱和财产，结识一些奇怪甚至危险的同伴。他说话漫无边际，尽管他所说的内容有着深刻的内在含义。

他的幼年生活给他带来很严重的影响。他被亲生母亲遗弃，养父母都是工人。14 岁时，他出现了行为问题然后被学校开除。随后，他跟着他的父亲和新的养母一起生活。虽然这期间，他的生活条件好了很多，但是他的情商却得不到发展。他开始转而在书本和知识性问题中寻求寄托。

在大学期间，理查德表现优异，但当他毕业开始面对真实世界的挑战时，他发作了精神分裂症。从此以后，他一人独居，有一份服务性的工作，没几个朋友。

理查德的故事最值得我们注意的地方在于，他在正常和发作时的表现有巨大差异。正常时，他为人冷漠、毫无感情，喜欢谈论一些抽象的知识性问题，但从不谈及自己的感受。不过，实际上他对别人的观察十分敏锐、细致。他显得似乎没有性格。尽管长得十分英俊，但是他丝毫没有显露出任何性能量，似乎他并不属于这具躯壳。

发作时，他的高智商似乎被弃之不用，完全失去逻辑理性思维。但另一方面，他人格的其他方面却充分爆发出来，显现出极高的情商。他热情洋溢、充满魅力。他的思想表现出非常深刻的意义。他直觉敏锐，能毫无障碍地表达自己幽微的感情。此时他性格开朗，与他人关系融洽，非常能体会他人的感情，还十分幽默。他释放出自己的性能量，似乎回到了自己的身体中。

如果把灵魂看成是连接我们的外在人格和内在深层次意义世界的

渠道，那么可以说理查德的灵魂是破碎的。在 R. D. 莱恩看来，他是一个"分裂的自我"——一个是脆弱、正常的外在自我，另一个是发疯状态下热情、有着很强直觉和意义的内在自我。可以说，理查德发疯时才真正接触到了他自己的灵魂。

理查德的故事说明了两种截然相反的灵魂病态，这是意义层面的疾病表现出的两种极端方式。当他正常时，理查德完全脱离他的灵魂核心，他无法接触到存在的意义。当他发疯时，他则完全被灵魂核心吞没。他所需要的是两者的调和。

精神分裂的社会

其实，我们很多人也有些像理查德"正常"的一面，一种像玻璃笼子的东西把我们与意义世界隔离开来。面对这个世界，我们就好像是一个消极的演员，不情不愿地扮演着一个我们并不了解的角色，我们并不能真正地感受剧情。就好像戒酒的人酒瘾发作时，"好像在一片虚空、一块死去了的地方。我感到自己与自己、与他人、与上帝分隔开了"。

卡夫卡小说中的人物形象都有这些特征。在担惊受怕的人生路上，他们不过是社会风景线中的一个梦游者，他们对世界的感知能力出现严重的障碍。20 世纪的文学作品中充斥着这样的概念——萨特的"恶心""异化"和"自欺"，克尔恺郭尔的"致死的疾病"，加缪的"局外人"。所有这些概念都描述了一种把自己和世界分隔的状态。正常人称这种现象为"精神分裂"。在第五章中，我们了解到这与大脑的颞叶活动有关。理查德发疯状态代表了另一种灵魂病症。这种状态相对少见一些，通常表现在那些思维天马行空的人身上，这些人总是在空想而且优柔寡断，行为诡异，他们无法投身于一条确定的人生道路。在一定程度上他们是被自己的内在吞噬，因而显得很不现实。如前文所述，这些特征往往和创造力相关。

我认为，我们当前的社会其实就是一个精神分裂的社会。很多心理学家和精神病学家都指出，20世纪的人格分裂现象比以往任何时期都要普遍。确实，精神分裂简直成为20世纪的特征。

20世纪中叶的心理学家罗洛·梅在多年前就写到，找他治病的大多数人都在忍受人格分裂的混乱。他指出，这是我们的时代病。维克多·弗兰克将这种状态描述为"实存真空"，并将它和现代文化中普遍的厌倦感联系起来，厌倦感在年轻人中尤为明显。他曾经写到，"最近的一次调查统计表明，在我的欧洲学生中，25%的人表现出某种程度的实存真空。在我的美国学生中，这个数据更是高达60%"。①

弗兰克的调查是在20世纪50年代后期做的。在第五章，我们看到20世纪90年代后期的精神病学调查显示：发达国家60%～70%的人都有不同程度的精神分裂样迷失，这包括大量忧郁症、疲劳症、无规律进食、压力过大和沉溺的人，他们由于"意义的疾病"而四处寻医问药。如果把压力与癌症和心脏病等疾病的关联情况也计算在内，那么精神／感情疾病将成为现代西方人看医生的最大原因。另外，很大部分的人犯罪入狱也是因为人格混乱。

我们这个时代正在走向疯狂，这是为什么？本书的论点是：这一

---

① 维克多·弗兰克，《活出生命的意义》，第28页。

切的原因都在于灵魂，我们离人性的根基越来越远，意义、价值、目的和想象力正在一点点丧失。

灵魂疏远的三个层次

通过自我莲花图，我们已经了解到自我的三个基本层次。这三个层次在心灵中发挥着各自的作用。相应地，与中心的疏远 ① 也可能发生在其中的任一个层次上，进而导致不同情况的灵魂疾病。现代西方社会中最普遍的灵魂疾病源于自我层面与中部 / 中心的过度割裂。我们太理性了，太注重自己的仪表和行为了，太喜欢装模作样、逢场作戏了。所以，我们与深层的自我越来越远。这就会导致情商显著下降。人们很容易被愤怒、恐惧、贪婪或者嫉妒冲昏头脑，自己开始失去平衡，更无法应对别人的不平衡。但更可怕的，我们也远离了自己的灵魂。逢场作戏和装模作样意味着扮演某种角色，也就很少用到自我的部分。尽管知道存在六种人格，但实际上我们往往在一种人格类型上纠缠不清：要么被权力所吞噬，要么过于依赖惯例，有的对细节斤斤计较，还有的沉溺于对抗。

当魂商足够高并且能够触及完整的自我时，我们的人格将会体现出一些领导人的特征、一些艺术家的特征、一些知识分子的特征、一些登山运动员的特征以及一些为人父母的特征。火星和金星，水星和土星都将点燃我们的想象力；我们将融合男性的阳刚和女性的阴柔，孩子的童心和成人的睿智。相反，如果魂商低下，自我则会扭曲，感

---

① 原文为 "alienation from the integrating centre"，alienation 通常被译为 "异化"，但由于 "异化" 这一词汇本身过于杂糅的含义，在此处统一翻译为其原意 "疏远"，以避免误解。

情特点也会失常，我们的反应会支离破碎。

人格类型	正常反应	失常（破碎）反应
保守型	与群体的亲密关系	对群体的愚忠、盲从
保守型	对群体的疏远感	脱离群体、自恋
社会型	对他人的同情	迷恋、自虐
社会型	对他人的反感	无法为他人着想、虐待狂
研究型	对问题和困境的探究	偏执
研究型	面对问题和困境时的退缩	歇斯底里或者病态性恐惧反应，压抑①
艺术型	创造、成功、喜庆时的喜悦	狂躁或者不合时宜的欣快症
艺术型	未能达成目标时的难过、悲痛	忧郁症
现实型	整体、自发、中心感	自我放纵
现实型	羞耻、自卑感	过度的自卑，自我敌意
进取型	负责、承担领导责任、忠实于理想	滥用权力、浮夸
进取型	意志消沉、逃避责任、回避现实	自杀、妄想狂、投射②

自我莲花图谱的六种主要人格类型中，每一类都对应两种正常的感情反应，相应地也有两种反常的反应。

传统保守型人格（文秘人员、会计、职员、电脑操作员等）：这类人在处理和群体的关系时，常常处于亲密和疏远的矛盾中。但当自我与深层中心分离时，他们会分化为两个极端，对群体的愚忠或对他

① 【心理学】压抑作用：从有意识的头脑中无意识地排斥痛苦的冲动、欲望或恐惧。
② 【心理学】投射：把自己的态度、感情或猜想归因到别人身上。

人毫不在意的自恋。两者都是灵魂病态的表现。

社会型人格（教师、治疗师、律师、管理人员等）：这一类型的人在对待他人时，往往处于喜爱与反感的矛盾中。这两种反应在合适的情境下都是健康和正常的。但是当自我与深层本我分离时，喜爱之情会转变为受虐狂式的自我牺牲，而纯粹的反感也可能转变为虐待狂的极端。这两者是灵魂病态的表现。

研究型人格（职业知识分子、学者、科学家、医生等）：这一类型的人面临问题时，往往在积极参与或消极退缩之间徘徊。在反常的状态下，积极参与可能变成偏执，而消极的退缩则可能变成病态恐惧和压抑。偏执和病态性恐惧都是病态的表现——都是脱离了中心的后果。

艺术型人格（作家、诗人、音乐家、画家、内部装潢设计师等）：这一类型的人可能在创造的喜悦以及失败的悲痛之间摇摆不定。一旦脱离了自我中心，喜悦可能变成狂妄的欣快症；悲痛可能变为忧郁症。在创新型人格类型中极为常见的躁郁症会同时表现这两种反常。剥夺了人的洞察力，也就剥夺了他们的整体感，因而这是灵魂病态的表现。

现实型人格（司机、飞行员、工程师、农民等）：这一类型的人通常处在积极反应（即自觉）和消极反应（即羞耻）之间。当这些反应脱离了中心，自发自觉可能转化成自我放纵，而羞耻感可能蜕化成为自我厌恶。两者都是灵魂病态的表现。

进取型人格（政治家、公司主管、警察、军人等）：这一类型的人有承担责任、追求梦想之类积极的感情。如果在正常的范围内消极一些，他可能感到意志消沉并且逃避责任。反方向的极端表现是滥用权力和浮夸作风，还会生发对背叛的妄想，总怀疑别人背叛了自己。

总之，各种不良反应的关键原因都是疏远了中心自我，就好像一对朋友发生了争执。"我"实际上包括一系列亚人格，几乎所有心理医生都认识到了这一点，就像弗洛伊德提出了自我、超我和本我；荣格提出了复合体和原型等等。

每一个人在不同场合的表现都会有所不同。我们的梦也是由一系列数不清的深层亚人格汇集而成的。健康的状态就是和自己的所有方面都友好相处，这样就不会因为它们互相打架而无法在情境变化时进行切换。但是如果"我"的一些亚人格是不可协调的敌人，而另外一些则难觅踪迹，这就导致人格上的"漏洞"，进而妨碍了个人的协调和发展。

着魔、邪恶和绝望

我们已经了解了，灵魂疏远可以导致很多种类型的心理疾病。目前为止，我所描述的案例对西方精神病学家来说都十分熟悉，虽然他们并不将病因归于灵魂。

但实际上，源于灵魂疏远的病症可以归为三大类：着魔、邪恶和绝望。这三者却都在主流精神病学和心理学的研究范围之外，不过却在文学作品和宗教文献中有所体现。但是，要想真正理解 20 世纪的丑恶病态，就必须直面这些问题，哪怕困难重重。

在约瑟夫·康拉德的《黑暗的心》的结尾，反英雄[①]克鲁兹冒出

---

① 反英雄：戏剧或叙事作品中缺乏传统英雄品格如理想主义或勇气的主人公。

了令人毛骨悚然的话："恐惧！恐惧！"克鲁兹是一个欧洲商人，他来到了非洲森林并且变得比土著还要土著。当被前来营救的探险队发现时，他正在主持一个残忍暴虐的死亡仪式，他坐在敲着鼓的原始人中间，绕着火堆挥舞着棒子上的骷髅。空气中回荡着诡异的吼叫声。克鲁兹完全走火入魔，他成了当地土著人的半仙，同时也成了他自己的陌生人。他目光呆滞，身体僵硬，注视着远方不明所以的一点。他的灵魂已经成了一种外来召唤的奴隶。他不只是宗教仪式的参与者，他已经彻底被自己内心的一场戏所吞噬，无法自拔。

人类历史充斥着关于走火入魔的记载。传说萨满和药师可以吸收人身上的痛苦和疾病，并把它们转移到别处。传说狂热的宗教信徒们在沙漠听到声音，在放火烧树前对树跪拜。还有一些更诡异的传说，比如少女被巫婆迷惑，基督徒被魔鬼控制，佛教僧侣被妖魔蛊惑。被控制的人的灵魂都被一些他无法控制的力量"带走"了。

20世纪关于着魔的传闻也是类似——人们被残酷或邪恶的仪式带走了。有些平凡的案例实际上如出一辙，比如无法自控的酗酒者，他们被一种深层的心理痛苦所折磨，这痛苦远远超过了任何生理痛苦，它给人虚幻的暗示："如果我得到了缓解，你就会好过一些。"于是他们"被召唤"或"被迫使"，都不可避免地超越了正常底线，不惜冒险去和"阴影"会面，酗酒、嫖妓、犯罪、结交恶人，哪怕走向自我毁灭。

着魔就像是一种瘾，但是比瘾更厉害。上瘾局限于某种特定事物——酒精、毒品、性、赌博、挥霍。着魔则会驱使人不顾一切去响应一种外在的召唤，并且完全失去了自我控制的精神力量。

对宗教信徒来说，那个召唤就是天使之音。它来源于与上帝的交流，给信徒的生活带来积极意义。而对精神分裂症患者来说，那让他举刀的召唤则是恶魔之音。这声音是一种孤立存在、无法控制的精神能量，是让失去支柱的心灵走火入魔的恶魔之音。那召唤的声音让酗酒者再喝一杯；让原本正常的人去自我毁灭；那召唤甚至让一个种族都去追随希特勒这样邪恶的领导人。

在 20 世纪精神病学中，那些被称为"奇怪的吸引源"的就是恶魔召唤的原型，这些精神能量会将人们拉入它的能量场中。如果这个能量场本身根植于人的中心，那么它将会使人超越自我，走向另一种生存范式。但如果这种吸引是无法控制的，它就会导致本人也失去控制，被超越自己的力量所控制。

其实我们认为，任何原型——伟大的父亲、伟大的母亲、恋人、战士、孩子、女祭司等——一旦脱离了和中心的关联，都会堕落为阴影原型。阴影是任何人格都有的阴暗面，它遭人厌恶，是被我们抛弃的自我。但如果被阴影原型控制了，我们就走火入魔了：我们被一种超过我们自己的力量拉走、被"召唤"、被带走，我们无法控制这种力量，因为这种力量甚至无法自我控制。

实际上，令人着魔的"召唤"是通往完整过程中的一条歧路。它正代表了被我们抛弃的那个破碎的自我。着魔是一个寻求破碎自我碎片的过程，这个过程充满了痛苦，因为走火入魔的能量没有根基，已经从中心分离开来了。——只有扎根于中心的能量才能真正使我们完整。

失去控制的源能量是邪恶的魔鬼。上帝最宠爱的天使由于傲慢而放弃了天堂（中心），堕落成了魔鬼，统治起一个邪恶王国。但是，魔鬼的内心也是邪恶的吗？或者真的有人是彻底邪恶的吗，还是他们被邪恶所控制？有人生下来就是邪恶的吗，还是后天变邪恶了呢？

当我第一次走进有 45 名性侵犯罪犯的监狱会议室时，我感受到了一种暴戾气息，我感到恶心并且头痛欲裂。这些罪犯包括连环强奸犯和儿童杀手。单就第一印象来说，他们看起来智商都很低，面部表情极度扭曲，不少人的头颅也有些畸形。另外同时在场的只有两名监狱保安和对话主持人；我是唯一的女性。邪恶弥漫了整个屋子，它逼得我想要逃跑。然而，正是这些"亚人类"怪物教会了我最多关于人类的知识。

所谓小组对话，目的是让人们一起讨论，认识自我以及互相认识。这种方式可以追溯到古代雅典，苏格拉底认为这种技巧可以使我们"在最无知的人心中发现潜伏着的知识，在每个人心中发现美好之物"。

罪犯们充满愤怒，灰心丧气，他们的词汇也基本上局限于四字单词。但是在三个小时的谈话中，他们很多人都充分表达了自己。他们谈到了被孤立的经历，"每个人都认为我们是人渣。但我们不完全是人渣"。一些人谈到，当他们的自尊面对受害者的痛苦时，曾感到莫名的迷乱和疑惑。会议室里弥漫着痛苦气氛。还有很多人提到自己童年被遗弃或虐待的往事。他们愤怒呼喊，要求被当作人来对待。我分明感到人性光芒突然闪现在他们身上，让人不由自主地产生同情。

一个监狱保安说，就在一会儿前，他不会愿意和这些人有任何关系。"但是现在，在旁听了这次小组对话之后，我非常乐意和他们中的任何一个人聊聊天"。我自己的感受比他还强。许多罪犯对我表达了想法。他们的大多数罪行都是针对妇女和儿童的，因而他们异常需要向我倾诉，以超越他们的罪行而审视自我。这次经历给我留下了深刻的领悟：没有本质的恶人，我们中的任何一个人都可能走向邪恶。

这只是人的一种可能性——尤其对于失去中心、灵魂残缺的人来说，可能性极大。

中心至关重要的同化力量存在于每一个生物中，这种力量在人类中尤为强大。但是由于人类天生具有自我意识，很多人不了解自己和中心的关系，不了解我们心中包含着整个宇宙，与中心十分疏远，无法触及那里。我们每一个人都是亚自我的一个杂音，就好像功能紊乱的家庭中的一员。我们有一个占据主导位置的"我"，被称之为"自己"，但是外界的压迫会困扰甚至压倒我们。因此邪恶是真实存在的，是一股可以在人心中作祟的力量。但是没有邪恶的人，只是人会被邪恶控制。

在希伯来语中，魔鬼是"Shitan"，字面意思是"没有回应"或"不能回答的人"。在圣经神话的描写中，魔鬼极度傲慢，以至于他不愿意回应上帝——他并不热爱上帝——因此，他也不可能成为上帝天国的一部分。通常意义上的着魔和邪恶的人恰恰也同样是"没有回应"的。精神病虐待狂对他的受害者的请求和痛苦丝毫没有感觉和回应，他并不视受害者为同类。纳粹称犹太人为"猪"，认为被他们杀害的人是退化堕落的。在越南进行大规模屠杀的美国大兵称他们的受害者为"gooks"①。只有当邪恶用来对付那些施事者觉得不需要作出回应的"其他人"时，邪恶才真正成为现实。

英文"回应"和"自发性"有相同的拉丁词源。在日常使用中，"自发性"和"冲动""心血来潮"没有太大的区别。但是我们认为，自发行为是一种优雅的姿态，具有自发性也就是保持和中心深层次连

---

① 东方人，黄种人，用作对亚洲人的蔑称。

接的表现。具有自发性的人们就好像海面上的层层波浪。20世纪的犹太教神秘主义者亚伯拉罕·赫施尔拉比①则把自发性定义为"自我和现实直接交流的瞬间"。②

从本质上讲，灵魂病态是一种缺乏自发性的状态，因而对中心反应迟钝。人们太过忙于逢场作戏，太在意自我，太在意形式和外表，以至于"困在了莲花的一片花瓣上"。当原型能量脱离了中心，那么自发性的缺乏就向人敞开了走火入魔的邪恶之门。如果自发性匮乏到连扭曲能量也不能回应时，人就彻底陷入绝望。

丹麦哲学家索伦·克尔恺郭尔认为绝望是真正"会致死的疾病"。绝望是最终的人生退却，可以看作是持续的准自杀。绝望的人再也不能发现任何意义，无论多有价值的东西都无法激起他的回应。他的白天不过是千篇一律的灰色，晚上常常充斥着枯燥的恐惧。面对绝望，他头晕眼花地站在悬崖边，一步步被拉向深渊，直到彻底失败——自杀。

现在，自杀好像传染病一样在整个社会蔓延，在年轻人中尤其明显。根据20世纪90年代伦敦《星期日泰晤士报》的一篇文章报道，16～25岁的年轻人中，22%的女性和16%的男性曾经尝试过自杀。男性的数字比女性的低，只不过因为男性通常比女性更容易获得成功。这些年轻人选择自杀，有的是因为找不到生活的意义；有的是因为感觉失去了一切，人际关系破裂或糟糕的考试成绩就好像世界末日一样。这无疑都是低魂商的表现——不能超越眼下，无法将事情置于

① 拉比，缩写R.，犹太的法学博士，在犹太法律、仪式及传统方面受过训练的人，并被任命主持犹太教集会，尤指在犹太教堂中作为主要神职的人员。

② 亚伯拉罕·赫施尔，《正在寻找人类的上帝》，第6页。

一个更大的意义框架下。

导向自杀的绝望是灵魂病态的最深层表现。但实际上，任何程度的灵魂病态都会让人痛苦，甚至还会在人群中传染。这种痛苦的机制都一样：自发性的损失削弱了人们对人生负责任的能力，继而丧失生存的勇气。低智商使人不能解决理性的问题，低情商使人在日常生活中格格不入，但是低魂商则会削弱人最本质的一切。

人怎么才可能医治自己呢？既然每个人都有高魂商的潜力，那又怎么才能获得呢？不脱离中心，具备自发性，作出深层次回应——这些到底意味着什么？魂商如何能帮助我们从逢场作戏中解放出来，如何带领我们超越绝望呢？这就是下一章我们要探讨的问题。

第十章

用魂商为自己疗伤

灵魂就是内在和外在沟通的渠道，是两者的对话。
只要能量在这条沟通内外的渠道间自由流动，灵魂就可以医治自己。

回忆能呈现给我们两个方面，就好像是望远镜的两个镜片，一个是我的内在灵魂，另一个则是参与日常活动的外在表现。

　　　　　　　　　　　　　　　　　——托马斯·默顿神父[1]

回忆是基督教祷告的三个基本要素之一。就像托马斯·默顿所说，回忆将内在世界和外在世界集中到了一起。我们之前已经了解到，灵魂就是内在和外在沟通的渠道，是两者的对话。

一旦对话被打断，灵魂就会破裂。就好像第九章中的精神分裂症患者理查德的案例一样，人会变得支离破碎。只要能量在这条沟通内外的渠道间自由流动，灵魂就可以医治自己，就好像第二章中格鲁吉亚男高音的案例一样，甚至还有可能医治与自己交往的其他人。此时的人是完整的，魂商（大脑中连贯的 40 赫兹神经颤动）正在同化自我不同层次的各种人格。

灵魂健康是一种有中心的完整状态，魂商是一种让我们能够进行人格切换的方法，是一种进行自我治疗的方法。在古英语中，"健康""完整"和"治疗"都源于同一个词根。而魂商的媒介——回忆（Recollection），字面上的意思是"重新收集"（re-collect）——"重拾"或者"汇集"散落的自我碎片。

心理学家詹姆斯·希尔曼在《灵魂密码》中提出了他关于人类本源的"橡果理论"。他认为，我们并不是基因、环境和发育的简单集合体。每一个人都带着各不一样的命运来到了这世上。"每个人都有一种区别于其他人的特质，这个特质需要被发现"。[2] 根据希尔曼的

---

① 引用自 F. C. 哈波尔德，《神秘主义》，第 73 页。

② 詹姆斯·希尔曼，《灵魂密码》，第 6 页。

说法，这个最初的特点就是最初的完整性，我们注定要回忆起它。

婴儿在与环境的完整融合中开始自己的人生旅程。家庭心理学家指出，母亲的人格和家庭环境对婴幼儿的世界观、人生观有巨大影响。尽管婴儿拥有自己的魂商，但在最初阶段，他无法对任何情景进行试验，也就无法构建出属于自己的背景，只能被动接受家庭提供的背景框架。如果他母亲的灵魂就是破碎的，或者他的家庭支离破碎，那么孩子也将具有分裂的灵魂——他自己的自发性（"无辜"）促使他适应支离破碎的背景。如果一个孩子的父亲有暴力倾向，那么孩子将会把暴力当成爱，并在以后的人生中继续挖掘这种爱，他很可能也会虐待他的孩子。如果一个孩子的母亲为人冷漠，拒人于千里之外，那么孩子也会把这些品质视为爱，同样，也会在以后的成年生活中体现这些品质。

在以后的人生中，我们可以从更大的框架中回忆自己的过往经历。我们可以把童年经历放在成年生活经历的背景中去审视。如果说很多经历来源于所处文化环境的影响，那么我们现在已经成熟到足以与文化保持距离。魂商使我们得以发现，个人和文化就是这样演化和转变的。这是心理治疗的一个重要手段，也是冥想和祈祷的基本元素。

这里的"回忆"并不是简单地回想，它要求采用一个新框架的视角。这是一次再次获得原初的自我（橡果）的机会，并且可以通过它改造已经成熟的自己。回忆就是魂商的行为表现。

灵魂危机时的回忆

那么，什么时候需要进行这种回忆呢？怎么样魂商才会"破门而入"呢？虽然很多人在一定程度上存在着魂商发育不良的问题——在这个强调"自我"的现代社会，某种程度的人格破碎是不可避免的。然而深层自我总是存在的。魂商是人类大脑的一种内在潜能，并不是只有灵魂英雄才能听到它的呼唤。灵魂随时都可以进行回忆。就像赫歇尔拉比说的一样，"在我们身体里有一个孤独的存在一直在倾听。当灵魂带着他的小随从们——也就是我们的思想——离开了自我时，当我们不再发挥自己的能力时，当我们转而开始对这个世界的呼喊和叹息盲从时，那个孤独的存在就可能会发出超越一切力量的恩惠"。①这个孤独的存在可能被梦境体验到，被苦难激发出来，被爱人的过世所感召。它会被自我的失灵而唤醒——这个声音的到来也就意味着灵魂危机的降临。

在灵魂危机中，整套意义体系乃至价值观都可能被质疑。人们可能感到巨大的压力，极度沮丧。为了暂时的解脱，人们可能会求助毒品或酒精，还可能昏昏沉沉甚至出现官能障碍，更甚者有可能发疯。这种危机是痛苦的，但如果我们能够勇敢地面对，并且将其视为一个进行回忆的机会，那么渡过危机的过程也就成为修复和提升自我的契机。

我有一个自己的小故事，或许能帮助解释什么是灵魂危机，以及回忆在魂商治疗方面的作用。重提这个经历多少有些痛苦，但是我依然要和读者分享，以便更清楚地展示我的主张。

真正开始动笔前，我用了整整一年时间来构思这本书。就在我和家人前往加德满都享受我的写作前假期时，我的"可怕的一年"开始

---

① 亚伯拉罕·赫施尔，《正在寻找人类的上帝》，第6页。

了。在之前的几个月中，我一直忙着出差和演讲，让我觉得劳累不堪。晚上，家人都安然入睡时，可怕的胃病痛苦总是折磨得我无法入睡。好不容易睡着了以后，又开始一夜夜地做着同样的噩梦：我被困在童年时的家庭环境中。之后持续几个月我都夜夜失眠。当回到英国开始写作任务时，我已经什么都做不了了。

接下来一个月情况仍然没什么好转，夜夜失眠和恼人的梦，这些梦往往都是关于童年的。白天我不得不睡上 12 ~ 16 个小时。只要醒着，我就会拉下起居室的窗帘，一个人坐在昏暗的房间里胡思乱想。

我在家里饱受煎熬，另一方面，出版商则正在热情高涨地签订新书的国际合同。他们殷切的期待与日俱增："写得怎么样了？"我感到绝望，最终决定咨询医生。我们一起研究那些有关童年的梦和枯竭感究竟是怎么回事。

我之前也提到过，我的父亲是一个没有受过教育的爱尔兰—波兰血统的铁路工人，我的母亲则是一名受过良好教育但是却服用毒品的文学老师。结婚之后家庭暴力不断，最终他们在我 5 岁那年离婚。从那时起，我无法再和我的父亲见面。他是这个家庭的"阴影"，理应被压制和遗忘。当我在学校取得好成绩时，当我获奖时，我是妈妈的好孩子。"我爱你，因为你是胜利者。"她多次这么重复。当我做了任何坏事或遭受了任何失败时，甚至因为少年时长得不讨人喜欢，我则是"小洛甘宁斯基"——一种对我父亲的名字和他的波兰血统的贬低。我总是努力做一个好孩子。我从来没有见过我的父亲，我甚至很少有意识地想到他。

长大后，我开始在文坛取得了一些成功。在我的《量子自我》和后续作品出版以后，我在一定程度上成为一个国际公众人物。我不断地被邀请做讲座或者接受采访。和我的母亲一样，我也成为一名"老师"，然而随着赞美之词和期望越来越高，一种消极的感觉也在与日俱增：我觉得我是一个骗子，我的内心是"坏"的，在我的身体里面藏着一个腐烂的黑小孩。讲座的反响越好，我就越沮丧。母亲过世之后，再没有什么赞美可以掩盖这种沮丧。这一切在加德满都爆发了，我内心的什么东西崩溃了，我能说的只有一句话："我不想再玩我母亲的游戏了。"我开始讨厌我的"老师"角色，此时此刻，在我的意识力量之外，自我毁灭开始公然挑衅我。

毫无作为的几个月之后，我们前往希腊度假，在那儿我做了一个极其重要的梦。在那个梦中，成年的我决定去拜访我的父亲。和父亲住在一起的三个贪婪的老妇人不允许我见他，并说我的到访很不合时宜。很明显这三个老妇人都喝了酒，而我的父亲则因为酒劲还在楼上躺着。我说："没事，我也才喝了酒，我能理解。"后来父亲下楼见到我时面颊依然因为睡眠和酒精而显得有些浮肿。我第一眼就喜欢上了他，他见到我也很高兴。我们同意以后保持来往，我走时他一直送我到门口。但是在门口，两个警察问我："你和这个皮条客和贩毒者在这儿干什么？"我意识到父亲过着一种堕落的生活。

我和父亲只在白天见面，他从来不允许我在晚上见他。我知道晚上他总在城市最堕落的中心，我决定去那里找他。但是父亲却让两个副手打断了我的追踪："他说不能让你在这儿找到他。"于是我意识到父亲是黑社会老大。

从这个梦中醒来后，我高兴而放松地笑了。"原来，"我说，"父亲就是那个'魔鬼'啊。我是魔鬼的女儿，但是他依然想要保护我。"我被父亲温暖了，我感觉到了他灵魂的高贵之处。我的脑中不断闪现魔鬼的形象，也就是堕落天使——上帝的天使中最受宠爱者，现在他被判决去掌管地狱。在我心目中，他无疑是一个悲剧人物。

如果用这本书的概念，我的梦可以被称为"魂商之梦"。这个梦使我和一个丢失了的"我的阴暗面"重新取得了联系，并使我想要拥有它。这使我想要回忆起我自己，使我自己变得完整。认识到一个人自身的完整性，同整体保持联系，也就是所谓的"有灵性"。这个梦同时也给我不堪回首的童年增加了"神话"的色彩。

但是想要回忆并且变得完整仅仅是在漫长痛苦的过程走出了第一步。这个梦之后几个月，我一直非常渴望了解父亲，但是这已经不可能了，他早在几年前就过世了，我悲痛万分。我忽视了梦中的一条信息：父亲并不希望我在"城市的中心"找到他。有一段时间，我特别想尝试通过"下沉"的仪式去找到他。我开始大量喝酒，并且无论到哪儿讲学都会去逛夜总会。我没有意识到，我寻找父亲的过程，"下沉"的过程其实是为了找回我失去的自我的另一面。几个月后，我回到了加德满都，此时我又做了一个梦才使这一切变得明显。

在之前的梦中，我父亲严禁我在城市黑暗中心找他。我不得不在白天去见他。现在我将它解释为我必须在我自己心中去发现他。在新的梦中，我成为一个舞者，舞步优美绝伦。起初我以为我的手脚好像木偶一样被线控制，但随后我意识到，这控制力来自我的内部，正是它在协调优雅的舞步。

这个梦让我深切地意识到，我的内心深处有一个活跃的中心，赋予我巨大的恩惠（即那优雅的舞步）。这就是魂商开始医治我的召唤。

让魂商之光刺破黑暗

当分裂或者痛苦让我们与自己的深层中心分割时，我们就好像拿着灯光微弱的手电筒在黑暗中穿越泥泞的小道，小心翼翼地绕开一个个泥坑，视野被局限在一步之内。如果是白天走，我们的视野无疑会开阔得多，我们可以完整地看到所有的坑坑洼洼并且从容地绕开。魂商也可以放射出这样的光芒。

调动起魂商后，我们就可以站在中心看事物，把事物放在一个更大的框架内，将看似不相干的事物联系起来。此时，我们就实现了自我莲花的完整。但我们要如何才能找到这内在的光芒呢？

我们已经了解到，魂商是大脑固有的一种内在能力。不需要学习，也不需要继承魂商。深层次的自我是与生俱来的，并且将一直关照我们的人生之路。但是自我意识未必总能感觉到魂商的陪伴，进而也就无法使用它。在自身之外寻找魂商的行为会阻碍我们发现魂商（那就好像波浪在寻找海洋）。一开始，我们可能只找到一片痛苦的虚空，但是如果小心地度过这个灵魂的黑夜，我们终将发现一些真实和新鲜的东西。

有时候，就好像我自己的灵魂危机那样，内部分裂的张力是如此大，以致我们那么焦灼地等待光芒降临的那一刻。我无法继续若无其事地活下去，我体内的那个孤独的存在（就好像赫歇尔拉比提出的"一直在倾听的孤独的存在"）迫切要求被倾听。灵魂危机的过程就是一种倾听的方式。

我们并不是孤单的。我们每一个人都构成人类漫长求索的一部分。我们通过追寻传统、符号、组织、圣地和圣像来追寻意义。德国哲学家马丁·海德格尔甚至说过，我们的语言是"所有人的住所"，而我们都住在那间房子里。在我们深层次的潜意识中有一部宇宙历史，而这种潜意识也是人类集体潜意识的一部分。

在治疗灵魂的过程中我们可以得到外在的帮助。我们所爱的人、优秀的牧师或者睿智的医生可以帮助我们，接近大自然也可以给我们启示。那些有特殊意义的灵魂符号：十字架、大卫星、施玛篇①、生命之树、佛像、烛光、诗篇、圣歌，乃至离奇的梦境、别人的行动等，我们都可以从中受到启发。就好像一个西藏喇嘛曾和我说的，只要掌握了灵魂的真谛，喝一杯水也能从中体会到人生的意义。

灵魂危机并不是唯一的方法

以上，我说明了如何通过灵魂危机找到魂商的光芒，但是这并不是我们体验魂商的唯一方法。很多人在神志清楚的情况下感受到魂商的照耀，还有很多人一直苦苦追求魂商，最终他们的追求过程成了魂商的一部分。

举个例子，根据本书的调查，儿童常常能表现出很高的魂商。他们总是在问"为什么"，总是在寻求自己和他人的行为的意义，总是在努力把感受和事件置于一个更大的、能够给予意义的背景中去思考。儿童尚未被一套看待事物的固定方式所限制，对他们来说，一切都是新鲜的。

美国人罗伯特·科斯也提到儿童的自然灵性，实际上就源自他们的高魂商。他们总是想要知道他们是谁，他们是怎么诞生在这世上

---

① Shema，犹太教徒申述对上帝的笃信的祷词。

的，他们从何而来，世界从何而来，人们为何这样行事。通过提问，孩子们很自然地构建出一种人生的抽象框架。我儿子 5 岁时，曾经有一次入睡前问了我一个问题："妈妈，我为什么有生命？"这就是一个魂商问题。但是父母们总是把他们的问题放在一边或者用一个我们自己都不相信的答案搪塞他们。这可能会损害孩子们原本的高魂商，导致孩子在以后的人生中玩世不恭、灰心绝望或墨守成规。

不过，我们这些老于世故的成年人有时候也可能获得魂商的光芒——重新找到内心深处的那个孩子，用儿童一样的新鲜感看待种种事件。这也就是广为人知的当父母的乐趣。艾萨克·牛顿将他和物理学的关系描述为一个在海边收集漂亮卵石和贝壳的小孩。画家亨利·马蒂斯说过，"我们必须学会用孩子的眼光来重新审视这个世界"。

当我们摆脱脑中固有的习惯模式，冲破世俗重重围阻，将我们的行为置于一个更大的意义背景中时，当我们完全沉醉于日出的壮美，当我们感受到冥想的深刻时，我们就体会到了魂商，或者开始了魂商的自我治疗。

约瑟夫·坎贝尔讲过这么一个故事：一天在夏威夷，两个年轻的警察开车通过一个山口。那里有一座桥，桥下的大峡谷不断吸引着大量的游客以及对生活失望的自杀者。两个警察接近那座桥时，看到一个年轻人正要往下跳，其中一个警察立刻跳下车抓住了那个年轻人，但是幸亏他的同事及时抓住了他，否则两个人会一起坠入谷底。

"你意识到了没有，"坎贝尔问道，"那个警察的所作所为可能让他和那个陌生年轻人一同死去？在那一刻，他生命所有的一切——他的家庭义务、工作义务、人生义务——他对人生的所有希望都消失了。他将要死去。但是为什么他会这么做？"他在这里引用了德国哲学家叔本华的观点来回答这个问题。叔本华说在这种危机中，凸显了一条哲学真理——你和其他人是一体的，没有任何隔离，你和"陌生人"不过是一个存在的两面。

"英雄，"坎贝尔说，"是那些为了实现这一真理而抛弃了自己生命的人。"① 他的人生得到了扩大和医治。

有的时候，死亡或者临近死亡的体验同样能使魂商之光闪耀。维克多·弗兰克说，当他在奥斯威辛集中营中面临死亡的时候，他发现了人生的意义。

在那个千钧一发的情况下，我关注的与我伙伴们的完全不同。他们的问题是："我们能从这里逃出去吗？如果不能，那么我们所忍受的一切苦难都是完全没有意义的。"而困扰我的问题是："所有这一切苦难，这些死亡，有意义吗？如果没有，那么生存最终也没有意义；如果一个人的意义取决于能否逃出去这样一件偶然事件，那么他就根本没有活下去的价值。"②

玛丽·德·翁泽是一位在医院照看重症晚期病人的心理学家。她说过：

说起来似乎很矛盾，但是恰恰是"对我终将死去这一事实的了解"把我和其他人绑在了一起。这也是为什么每一个人的过世都使我

---

① 约瑟夫·坎贝尔，《神话的力量》，第 110 页。
② 维克多·弗兰克，《活出生命的意义》，第 138 页。

感伤。这使我可以深入到心中那一个唯一真实的问题：我的人生意味着什么？……死亡，我们终将走向的死亡，那个使爱人悲痛不已的死亡。但可能恰恰是死亡鞭策/强迫我们超越活在事物的表面，鞭策/强迫我们不断深入事物的内在。[1]

死亡给予了人生一个更大的意义背景。

最后，我想起了尼勒·唐纳德·沃尔茨的畅销书《与上帝的对话》。从字面上理解，沃尔茨创造了一个通向犹太/基督教上帝的电话热线。然而，从更加深奥，同时在我看来也是更加可信的层面来说，沃尔茨是在和他自己的魂商对话。在沃尔茨的体系中，上帝代表意义和价值的终极背景。上帝可以给予沃尔茨"更宏大的图景"。这也正是魂商的作用——将事物置于与我们灵魂发展阶段相符合的最广大意义框架之中。与神"对话"时，我们尽一切所能以接触到我们最深层的内心智慧，这种智慧继而使我们接触到完整的真相。如果神做出了回答，那其实是深层自我在给我们答案。当然，无论是"上帝的话"还是魂商都不是一成不变的。这是一种持续的沟通。

没有盛大的救赎

西方人被灌输了这样一种信念：世界末日将进行一次大审判，判定一个人是获得惩罚还是救赎。

深奥的东方哲学也指出一条"涅"之路，"涅"之后，我们不必再承受轮回转世之苦。但进化的过程和大脑灵魂都向我们指出，人生

---

[1] 玛丽·德·翁泽，《亲近死亡》，第 xi，xii 页。

是由一系列小救赎组成的，而不是一次大救赎。

宇宙的基本形态是量子真空能量的永恒对话。万物源于真空又复归于真空，然后再次化为另一种物体。我们可以通过一个简单的威尔逊云室（一种用于观察微小带电的亚原子微粒的装置），清楚地观察到这一过程。亚原子微粒突然从云室蒸汽中升腾几英寸，又突然消失在蒸汽中。然后，新的亚原子微粒又开始出现。这个创造、毁灭和重生的过程将伴随着宇宙的存在而一直持续下去。恒星、行星和星系也都是如此循环着。

生物进化没有终点。只要我们的行星还能维持生命的存在，生命将不断地变化并进化，新的生命形式会不断出现。

人类大脑也是一样。我们已经了解到了大脑不断地根据我们的经验"改写"自身。我们今天的大脑和昨天的就不一样。大脑中 40 赫兹神经颤动不停地为我们重构意义，帮我们一次次超越危机，融入新的背景。即使魂商很高的人最多也只能进行一次次小救赎。今天，你可能发现了迷失自我的一部分，但还有其他破碎的自我有待发现。我们只能以一种平和的心态耐心地面对人生之路。就好像 J. R. R. 托尔金的《指环王》中比尔博·巴金斯开始他的冒险时所说的：

> 漫漫长路，
> 起于家门。
> 路其修远，
> 紧随不息，
> 步履匆匆，
> 直奔通途，

歧路迭起。

去向何方？

我心彷徨。[1]

在下一章我们将看到，当我们审视魂商和深层自发性时，灵魂智力把我们的体验与一种平和而平衡的信任感联系在一起。我们不需要提问，因为我们可以应对任何将要发生的事情，也能欣然接受它带来的责任。

---

[1] J. R. R. 托尔金，《指环王》，第 48 页。

第十一章

魂商和良心

良心意味着灵魂内在潜藏着的真理，
是一个指导我们行为的永恒的指南针。

该怎么前进？我甚至不知道究竟面对着哪条路。

——约翰·列侬

超越你想做的事，超越你认为理应做的事，只有那时，你才会清楚地明白该做什么。

一名贵格会教徒在贵格会会议上的发言①

最近，我 15 岁的女儿向我抱怨："我们这个年纪的小孩真不容易。你和爸爸的判断总是在不停地变化，别人也都不知道自己在做什么，我不得不自己去琢磨这一切。"与此相比，我还听到过更悲观的话，在一次本地教堂为"怀疑宗教人士"举办的礼拜会上我碰到了一位女士，"既然科学已经证明了上帝并不存在，"她说，"那么我们的行为好坏已经无关紧要了，一切都视我们自己的意愿而定。"

如何区分正确与错误，如何避免误入歧途，如何引导孩子，这些问题让我们倍感压力。形式化的宗教和它的道德已经不再牢不可破，家庭结构不再一成不变，我们对社群和传统的认同已经土崩瓦解。一些人不再有任何道德的底线，我们不知道自己在玩一场什么游戏，更别说了解它的规则了。历史学家埃里克·霍布斯鲍姆声称，过去 50 年内发生的变化远远大于石器时代至 50 年前所发生的。关于我们所处的年代，他写道："人们面对不确定②和不可预知的障碍，指南针

---

① 贵格会（Quaker），又称公谊会或者教友派(Religious Society of Friends)，是基督教新教的一个派别。

② 原文中对不确定（性）和测不准原理使用了同一个英语单词 Uncertainty，但是将后者翻译为"测不准原理"是物理学科的惯例，故文中出现了两种不同的翻译，然而原作者又常常将两者交替使用，为防止误解，特此说明。

失灵了，地图也毫无用处。"①

迷失感让我们恐惧，但是就像 20 世纪初德国诗人里尔克曾经写道："有时候，我们内心的恐惧就好像巨龙，守护着我们最深处的宝藏。"② 西藏上师索甲仁波切③ 也说：

无常使人产生恐惧，因为人们发现都是假象，一切都无法永存。但我们也会发现，无常同时也是我们最伟大的朋友，因为它促使我们提问：如果万物都会改变和消亡，那么有什么是真正真实的？在表象之后，是不是还有什么无限大的东西，而无常和流变只是在其上起舞而已？④

一方面，旧有道德规范和它所依赖的传统思维框架正在逐渐消亡，但另一方面，这也可能给我们提供了一个宝贵机会，使得我们可以利用内在魂商构建起新的道德规范。魂商可以使我们对不确定泰然处之，找到内心的平衡，并过上充满创造性的生活。不确定可以启发我们，它给了我们自由，并让我们承担责任。

旧有的道德规范

在人类进化史上曾经有一个阶段，由于本能性的羁绊，当时的"人类"只是一种比较简单的动物，过着毫无悬念的生活。接着到了

---

① 埃里克·霍布斯鲍姆，《极端的年代》。
② 勒内·马利亚·里尔克，《一封给年轻诗人的信》。
③ 仁波切（Rinpoche），西藏语的字义是"珍宝"，用于西藏佛法的成就者，意为如宝贵人，也被译为活佛。
④ 索甲仁波切，《西藏生死书》。

某个时刻，人类冲破了这些本能，打破了自然界的绝对规则，开创出一套全新的、但也更为复杂的生活方式。这套新的生活方式建立在对自由的追求之上。

但是西方文明却还尝试用上帝和理性规则取代被人类抛弃的本能。摩西从西奈山上带来了写在石板上的律法。基督教和伊斯兰教都加以遵从，并且又加入了更多新的规则。古希腊的哲学传统中，客观、普适的原则似乎对于每一套社会规范来说都是至关重要的。[1] 确实，普世主义——相信适用于所有事情、所有人的客观真理的存在——可以被视为西方文化的基础。17 世纪启蒙运动的传统中，理性成为西方人寻找美好的可靠向导。牛顿的科学遵循同样的原则，只不过换成了自然规律来管理物理世界的一切。牛顿的科学理论是一种绝对化的科学——绝对的时间和空间、绝对的定律、绝对的确定性、绝对的预见性和绝对的可控性。

直到今天，正式的宗教活动依然在维护摩西式的确定性，哲学家和逻辑学家依然在维护古希腊的确定性，17 ~ 19 世纪的社会科学也在尽力维护牛顿科学的绝对主义。弗洛伊德的心理学、洛克的民主制度、亚当·斯密的经济学、马克思的历史发展规律、达尔文的进化论、弗里德里克·泰勒的科学管理学说等都在试图采用一种绝对规律。在日常生活中，习惯和传统、家庭和社群则巩固了确定性。

测不准原理

爱因斯坦的相对论开始质疑我们对时空的感知。20 世纪的物理学

---

[1] 理查德·塔那斯，《西方心灵的激情》。

家威纳·海森堡的"测不准原理"则更进一步，它甚至质疑我们是否真的有能力去真正了解一个事物。海森堡说，知识总是有局限的——如果我们知道了一个事物的一面，就不可能知道它的另一面。根据海森堡的描述，量子的真实状态包括了无数种可能性，所有这些可能性都是必不可少的，每一种可能性在一定程度上都是真实有效的。但我们只能了解我们想要了解的真实状态。我们所获得的答案只是针对我们所提的问题，提出的问题不同，答案也会随之改变。

1997 年，《星期日泰晤士报》针对英国的宗教信仰现状进行了两轮不同的民意调查。第一轮调查人们周日是否去教堂。只有 10% 的人给出了肯定的答案，因此这次民意调查得出的结论是英国并不十分宗教化。但是六个月后的第二轮的调查中，人们被问道，"你是否信上帝？" 80% 的人给出了肯定的答复，于是，第二轮调查得出结论英国是一个非常宗教化的国家。这就是"测不准原则"的一个典型案例。

爱因斯坦和海森堡让我们从根本上改变了对真理、道德的态度。过去的方法是自上而下，人们采用一套外界强加的真理来取代我们过去（生物学意义上）失去的确定性。然而爱因斯坦和海森堡都指出真理取决于我们的视角，取决于我们选择提出什么问题。这是一种自下而上的真理，真理实际上来源于我们自身。我则进一步认为，真理的获取必须借助魂商。

科学发现、科学进步的副产品——质疑精神影响了我们所有人，其影响甚至比科学发现更大。自上而下的真理建立在信仰的基础上；但是科学是自下而上的，它建立在观测、检验、质疑事实的基础之上。如果我是一名"测不准大学"培养的科学家，那么我不会仅仅对答案感兴趣。我更想了解问题，如果提出含义更深远的问题，我们可以得到更深刻的答案。现在几乎所有人都在怀疑"什么是正确的"——质疑精神已经成了我们时代的指导精神。

历史上也曾推崇自下而上的真理运动。亚伯拉罕宗教①、道教、印度教以及最近出现的贵格会神秘主义者一直都强调内心体验的重要性。他们反对靠单纯的信仰或服从来获得真理，强调透过自身来获得觉悟。历史上，主流的西方宗教反对持这种态度的异端，但是现在，"异端的时代"已经到来了。

不确定性不是相对主义

相对主义是这样一种观点，它认为由于没有绝对标准或者绝对真理，真理本身也是相对的。真理或者是人们由于机缘巧合而信奉的一套理论，或者是一套人们觉得适合自己的理论。没有什么是客观的，一切都是主观的。

这种怀疑主义最早由古希腊的诡辩哲学家提出。20 世纪世界不同文化之间充斥着相互矛盾的对错标准。许多哲学家利用爱因斯坦和海森堡的研究成果对相对主义进行强有力的辩护。他们争辩道，爱因斯坦的发现揭示出，我们一直被个人的时间—空间思维框架扰乱，因此，并不存在什么"上帝的看法"的绝对标准。他们还主张，海森堡的测不准原理说明，真理仅仅取决于我们如何看待事物以及我们碰巧提出了什么样的问题。但是这两种结论都误解了 20 世纪科学对真理

---

① 亚伯拉罕诸教，或亚伯拉罕宗教，沙漠—神诸教，指三个世界性宗教：犹太教、基督教、伊斯兰教（按出现时间排列）。此三宗教的传统均奉圣经旧约中的亚伯拉罕为先祖圣徒，且均发源于中东沙漠地区。

的解读，并且忽略了科学赋予真理的微妙而令人激动的新视角。

爱因斯坦的研究成果并不能支持"一切都是相对的"这一说法。爱因斯坦用抽象的术语勾画出一套独特的四维时空模型，用以描述真实的世界，也暗示针对真相可以有多种观察视角。每一种视角都通过对整体的抽象描述联系在一起。"上帝的看法"确实存在，不过只有上帝才能看到罢了。我们所能做的就是尽可能多地了解现象，同时确认存在一个超越我们认识的整体。

类似地，海森堡的观点是，量子的真实状态充满了无数可能性（无数的真相），但是我们只能知道它的一些方面。作为观察者，我们正是和这种无限的真相进行创造性对话，我们所看到的取决于我们所提的问题。真相不受限制，没有不确定性，我们的观察则不然。再次，一个海森堡式的观察者所能做的就是尽可能多地提出问题，尽可能多地发现真相的各个方面。

科学使我们发现真相并不是唾手可得，但同时也使我们接受了在揭露真相过程中的角色。虽然永远不会知道全貌，但是每一个人都在这场世界性的真相发掘游戏中扮演了角色。一个有限的举动看似渺小孤立，但是却为全人类的未来做出了贡献。

身处边缘

"边缘"这个概念源于混沌理论。这是一种新的科学理论，用于解释不可预知的现象，比如天气、人的心跳、蜂窝和股市。在混沌理论中，"边缘"是秩序和混沌、已知和未知的交界点。这里是新信息的产地，创新和自我构建也发生在这儿。

　　我们不妨切切实实地想象一下混沌边缘的感觉。假设我们站在一座桥上，看着桥下的溪水。小溪的上流，水流平缓而安静，那便是秩序。信息不过是有规律的秩序，因而平缓的水流包含着一些有限的信息。如果我们知道溪水的"编码"，那么我们就可以获得这些信息。这和自上而下的道德准则相同，坚持准则的人可以解读它，并按其要求行事。溪水流到桥下时，撞击到树枝和石块，形成了一个个小旋涡。随后，在更陡峭的下游，小溪变成了白色的湍流。这就是混沌。混沌中也可能包含了信息，但是它的编码过于复杂，以至于我们根本不能指望解读它。我们迷迷糊糊不知道自己身在何处。

　　水流形成旋涡的地方正是混沌边缘。它正在形成一套新的编码，创造新的信息。也就是在这个自我重建的时刻，我们发现自己处于一片完全未知，但可探索的领域内。有很多研究针对秩序和混沌，但是致力于创造力的科学研究则要将注意力集中于混沌的边缘。因为这里是新系统"产生"的地方。

　　所有生物系统都在混沌边缘保持着平衡。正是这种平衡导致了我们的开放性、适应性、不可思议的灵活性。举个例子，人类的免疫系统可以产生抗体来应对入侵的病毒和细菌，一旦其中某种抗体被证明有效，免疫系统就进入有序状态，集中生产这种抗体。人类大脑在使用魂商时也同样处于这种平衡中。

　　《查拉图斯特拉如是说》宣布了旧秩序的死亡，尼采写道："脱颖而出的星星只能诞生自混沌。我要告诉你，你内心就有一片混沌。"尼采所说的"混沌"就是自我构建的能力、重新发明的能力、冲破自上而下的传统的能力。尼采把这个过程比作是走钢丝，钢丝的两端是叫作"确定性"的高塔。一旦失去平衡，他将掉下来命丧黄泉。查拉图斯特拉说他还没有准备好。尼采写这本书时是 19 世纪末，而 21 世纪伊始，我们依然行走在这条钢丝上，不过我们可以比前人优秀一些，如果我们能运用自己的魂商，那么就会变得更勇敢，更自立，更愿意面对困难，更愿意处在边缘。

魂商和"心眼"

我非常喜欢尼采那个走钢丝的形象，因为走钢丝的艺人必须保持一种内在的平衡感，魂商也是一种平衡感。它与智商、情商都不同，智商来源于对规律的尊重，情商取决于所处的具体情境，魂商则通过神秘主义者所谓的"心眼"照亮我们的茫茫前路。根据巴西亚·伊本·巴库达的说法，一个心中有上帝的人，可以"闭目而视，充耳亦闻，觉五官所不能觉，不思而悟"。犹大·哈列维对此的表述则是："吾以心眼视汝。"①

总之，灵魂智力的心灵就好像一片量子真空，这是一片凝固而变化的土地，一颗知道凝固和变化的心。

中世纪的犹太教和基督教神秘主义者将直觉比喻为"心眼"。在很多文化传统中，右眼代表太阳的活力、未来和理性的光芒，而左眼则代表月亮的沉静、过去和感情的流露。此外，还有综合了前面两者的"第三眼"，正是这"第三眼"赐予我们智慧。在印度教神话中，湿婆神额头的中间长有第三只眼，"此眼可以喷射神火，化万物为灰烬"。佛教神话中也提到佛祖位于"一"和"二"、"空"和"有"之间边缘的全知眼。前往尼泊尔或西藏的旅行者都会在佛塔的尖顶上发

---

① 均引用自亚伯拉罕·赫施尔，《正在寻找人类的上帝》，第 148 页。

现栩栩如生的全知眼形象。

现代爵士乐作曲家凯斯·杰瑞特有一张名为"心眼"的专辑，封面上写到，音乐创作的极致就体现在"所有与音乐有关的人都能意识到一种比自己更宏大的存在，从而超越自我"。运用魂商去铸造新的道德体系同样需要即兴创作，冲破自我的限制，跨越"相对主义"的危险湍流。

弗洛伊德的自我概念是孤立、肤浅的。然而灵魂智力本身是一个更完整的自我，它包含了对生命深层次的感知。这个更完整的自我知道，人类所有的努力都是更宏大宇宙的一部分。在它面前，完整的自我心怀谦虚和感激，同时带有深层次的参与感和责任感。

灵魂残缺的自我不可能给出一套建立在魂商（或者"心眼"）之上的道德体系，只有深层的自我才能使我们行走在确定之塔间的钢丝上。深入内心，我们能提出更有效的疑问，得到比一切强加的教条更睿智的引导。当然我们还是有可能从钢丝绳上掉落，但是会具有一种冷静感和愉悦感，这反过来又大大降低掉落的可能性。

运用深层次自发性

希伯来语中，"指南针"（matzpen）、"良心"（matzpoon）以及"灵魂中的内在真理"（tsaffoon）源自同一个词根。良心意味着灵魂内在潜藏着的真理，是一个指导我们行为的永恒的指南针。古希腊语中，"智力"（euphyia）和"本质"（physis）源自同一个词根 Phyiame。Euphyia 的字面含义是"成长良好者"，Physis 的字面含义则是"出现之物"。只有体内的特质得到发挥，人才能变得健康、聪明。希腊语中的"真理"（alithia）一词意为"不要忘记"——不要忘记我们已然知晓之物。这些古老的词汇都告诉我们，在我们内心之中有一个真理的来源。

在《柏拉图对话录》的"美诺篇"中，苏格拉底向一个无知的小奴隶提了一系列问题，最终从他的口中"挤出"了几何学的基本原理。"看到了吧，"苏格拉底说，"他其实自己知道几何学的原理，之前只不过是忘了而已。"在柏拉图看来，人一生下来就是无所不知的。知识是内在的，也包括对好坏对错的判断。婴儿才是最接近真理的，我们的成长同时也是在走向无知。

苏格拉底和柏拉图发表这些夸张说法是由于，他们深信真理必将为人所知。但是，与此相反，20世纪的科学却告诉我们，对真相的探索是一个永无止境的过程。但是矛盾的双方却有一个共识：我们生来就具有获得真理的潜能，并且这种潜能一直伴随着我们。长大的过程中，我们逐渐倾向于将自己禁锢在习惯、预设和信仰系统中，因此开始走向无知。R. D. 莱恩曾经这样描述道："当一个孩子开始适应这个世界时，他也就失去了无上的快乐。"[1]

我们大多数成年人已经遗忘了原本具有的深层智慧。极为罕见的情况下，我们被一些东西深深地触动，可能会暂时显现出孩童的自发性。但更多的情况下，我们忘记了自己还具有一个知识中心，忘记了如何回应来自内心的声音。我们对自己失去信心，转而依赖外在规则的指导。挑战在于如何让我们——这些习惯于纪律、经验和传统的谦卑的人——重拾已经失去了的孩童自发性。我们必须乐意于用外在世界的结果来检验我们的"内在真理"。

---

[1] 凯斯·杰瑞特，《心眼》。

对西方人来说，自发性和纪律都不那么好理解。自发性往往被庸俗化，而纪律则往往被表层化。弗洛伊德构建了一幅图画极大地影响了西方心理学：有意识的自我是本我和超我共谋下的倒霉受害者，本我（自发性）只会幻想而不负责任，超我则代表了父母和社会对我们的期望（纪律）。本我的自发性和超我那自上而下的纪律要求格格不入。就好像上文被引用的那位贵格会众所说的那样，我们处于"想要"和"应该做"的矛盾之中。由此，我们开始心虚，怀疑自己的本能自发性，转而依赖于强加的纪律来控制自我。弗洛伊德的这个简化版自发性和我们所说的深层自发性完全不同。

"自发性"（spontaneity）、"反应"（respond）和"责任"（responsibility）这三个词的拉丁词源相同，这多少暗示给我们"自发性"的真正含义：自发性是对一些我们必须为之负责的事情的反应。最初它是我们对于基本事实的直觉反应，而根据海森堡的测不准原理，我们对事实的反应又继而促使事物发生。因而，我们肩负起揭露事实的责任。从这个角度来说，自发性不可能仅仅是幻想或者冲动。它不是我们对一块巧克力或者一辆新车的欲望，这是针对我自己内心的指南针的。正是魂商赋予了人这种反应的能力。

魂商是一种深层次的自发性。当它被激发时，人会自然而然地与自我、他人、自然界和所有万象（这些都是自我的一部分）联系在一起。此时此刻，我们得以回答"我是谁"的问题，发现我即世界，世界即我。我们也会明白自己对这个世界的责任：对他人负责，对他人作出反应，因为他们也是我的一部分。这种关系并不需要任何外在的条文和戒律来指导，需要的仅仅是、也只能是获得真正的自发性知识。不确定和风险固然存在，但是即便是错误也能给予我们指导。

在第十章中，我提到我的一个梦，梦中我在内心的音乐引导下翩翩起舞。我已经解释了这个梦如何使我认识到了自发性和魂商的关系。

基督教诺斯替派（基督教的一个异端教派，它将早期基督教学说和神秘主义以及其他哲学思想融合在一起）的《约翰福音》讲述了在受难的前一晚，耶稣召集了他所有的信徒，让他们手牵手围成一个圆圈，他自己则走到圆圈的中间并开始吟诵：

> 属于宇宙的舞者们啊，阿门。
>
> 那些不知道起舞的人们也不会明白发生了什么，阿门。
>
> 现在如果你跟随着我的舞步，从正在说话的我中发现你自己……
>
> 舞者，你且想一想我的所作所为，于你是
>
> 凡人的激情，于我则是万般苦难，只因
>
> 你无从知晓正在忍受怎样的煎熬。
>
> 除非圣父让圣子附身于你，就好像让他附身于我……
>
> 知道如何忍受煎熬者方可脱离苦海。[1]

在另一部诺斯替派福音书《多马福音》中，耶稣对他的信徒们说道："知道你是谁，你就可以成为我。"根据这个说法，耶稣并不将自己视为神灵，而只是一个发现了自己内在神圣力量的觉醒者。他认为每个人都同样具备这种神圣的力量，和耶稣一同起舞就是为了感受这个力量，与现实自发地起舞就是为了感知灵魂智力的活力。

---

[1] R. D. 莱恩，《体验的政治和天堂鸟》，第 118 页。

自制力和同情心

自发性也同样与自制力、同情心密切相关。人们只有"强健"自己的认知中心才能够获得自发性，可以通过冥想、祈祷以及深刻的反思来控制自己的胡思乱想。这样获得的自制力是内化了的平衡。这种平衡，中国古代哲学家老子称之为"道"——万物的深层次内在法则。后来庄子讲述了一个高超厨师所拥有的内在自制力：

有一个名叫庖丁的厨师替梁惠王宰牛，手所接触的地方，肩所靠着的地方，脚所踩着的地方，膝所顶着的地方，都发出皮骨相离声，刀子刺进去时响声更大，这些声音居然全都合乎音律，同《桑林》《经首》两首乐曲伴奏的舞蹈节奏合拍。

梁惠王说："嘻！好啊！你的技术怎么会高明到这种程度呢？"

庖丁放下刀子回答说："臣下所探究的是事物的规律，这已经超过了对于宰牛技术的追求。当初我刚开始宰牛的时候，（对于牛体的结构还不了解），看见的只是整头的牛。三年之后，（见到的是牛的内部肌理筋骨），再也看不见整头的牛了。现在宰牛的时候，臣下只是用精神去接触牛的身体就可以了，而不必用眼睛去看，就像感觉器官停止活动了而全凭精神意愿在活动。顺着牛体的肌理结构，劈开筋骨间大的空隙，沿着骨节间的空穴使刀，都是依顺着牛体本来的结构。宰牛的刀从来没有碰过经络相连的地方、紧附在骨头上的肌肉和肌肉聚结的地方，更何况股部的大骨呢？

技术高明的厨工每年换一把刀，是因为他们用刀子去割肉。技术一般的厨工每月换一把刀，是因为他们用刀子去砍骨头。现在臣下的这把刀已用了 19 年了，宰牛数千头，而刀口却像刚从磨刀石上磨出来的一样。"①

除此之外，更常见的情况是，忍受煎熬、习得同情心的过程也可以获得自制力。从字面上解释，"同情心"的意思是"与他人感同身受"。同情心油然而生时，人会处于一种最深层次的自发性反应状态，但这需要超越理性的思维，超越偏见，超越自我层面因循守旧的人际关系。

陀思妥耶夫斯基的伟大小说《罪与罚》就是关于这一主题的。主人公拉斯可尼可夫是一个拒绝承认所有传统道德的年轻学生。他声称："我这样的人高于一切法律。"对他来说，法律只是强加给他的外在框架，而他作为一个聪明和理性的人——一个相当高傲的人——应当自由地塑造他自己的道德。于是，他谋杀了一个"没用的老妇人"来证明自己会免于惩罚。这时他仅仅将自己的犯罪视为理论的问题，一种出于思维而进行的行动。

但马上，拉斯可尼可夫就开始忍受负罪感的煎熬。他所犯的罪更大程度上并不仅仅在于他杀害了那位老妇人，而是因为无知和任性，他犯下了损害自己内心神圣力量的罪行。他意识到自己破坏了内心的道德准则，对自己的道德犯下了罪行。他再也无法忍受这种煎熬了。

除了自己的母亲和姐姐之外，拉斯可尼可夫对任何人都没有认

---

① 原文出自《庄子·养生主》：庖丁为文惠君解牛，手之所触，肩之所倚，足之所履，膝之所踦，砉然响然，奏刀騞然，莫不中音。合于桑林之舞，乃中经首之会。文惠君曰："嘻，善哉！技盖至此乎？"庖丁释刀对曰："臣之所好者道也，进乎技矣。始臣之解牛之时，所见无非牛者。三年之后，未尝见全牛也。方今之时，臣以神遇而不以目视，官知止而神欲行。依乎天理，批大郤，道大窾，因其固然。技经肯綮之未尝，而况大軱乎！良庖岁更刀，割也；族庖月更刀，折也。今臣之刀十九年矣，所解数千牛矣，而刀刃若新发于硎。"

同；他的同学因为他的高傲态度而排斥他。凶杀案之后，他强迫自己脱离家人，完完全全地孤立起来。然后，他遇到了妓女索尼娅，她正是拉斯可尼可夫所诅咒的那个罪恶社会的受害者。尽管饱受压迫、穷困潦倒，但是她却向拉斯可尼可夫展示出，内心的力量和勇气可以对抗一切逆境。她的力量是基督徒的爱，通过对她的同情心，拉斯可尼可夫也获得了这种力量。

后来，当拉斯可尼可夫被判刑时，他对所有同行的囚犯们敞开了胸怀。要是在以前，他会称他们为"蚁丘上的蚂蚁"。由于同情心，拉斯可尼可夫重新成为人类的一员。他为自己的违法行为负起了责任，但更重要的是，对索尼娅和狱友们的爱使得他内心发生转变，学习到什么是人性，他因此获得了新生。

拉斯可尼可夫犯罪的原因就在于他忽视了自己心中的那个指南针。知识上的自傲阻碍了他的魂商，使得他无视自己是人类社会的一员这一事实。于是，他相信自己拥有一种道德优越感，进而导致了犯罪。最后，是他的同情心使得他触及了自己的中心，并最终使用魂商重构了自己的人生，重新融入了这个世界。

第十二章

我属于哪种人格类型

一般来说，成人会在三种或者更多人格类型上获得超过 6 分。
这三者分别代表了自我莲花图谱上与你最接近的三片花瓣，
同时也代表了你最有可能的三条发展道路。

下文的问卷可以让每个人在一定程度上了解自己属于哪一种（或几种）人格类型。这样我们就可以在自我莲花图谱上找到自己的位置。问题本身都是"透明"的，不过是对自身进行一些了解，没有什么风险，所以在回答时不需要任何伪装和作假。

每种人格类型的前七个问题都关于职业或者生活爱好，没有包括任何关于具体能力的问题。这些问题参考了霍兰德职业测试。每类的后五个问题则参考了MBTI性格心理测试中卡特尔对动机和荣格对人格类型的研究成果（可以参见第八章）。下文的问题并不是对前人测试的简单复制，所有前人的努力都只是预备性的指导。

读者不妨尝试回答这些问题，并把每一种人格类型的答案写在一张纸上（总共需要六张纸）。为每一题选择"是"或者"否"，并在最后将"是"和"否"的个数相加。

保守型人格

（荣格的外向认知型）

如果你具有相关的技能，你觉得下面的五种职业和两种休闲活动（或者与之类似的活动）中的哪些你比较感兴趣或者适合你？

☐ 职员

☐ 接待员

☐ 图书馆助理

☐ 会计

☐ 建筑巡查员

☐ 收藏（比如，古董、邮票、硬币）

☐ 扑克（拉米纸牌戏、桥牌）

用"是"或者"否"回答下面的五个问题：

☐ 我喜欢有条不紊、出色地完成任务。

☐ 我的意见和行为总是比较中庸。

☐ 我尽力将我的住所和生活安排得舒服而实用。

☐ 我重视我所属群体（家庭、单位、社区）的传统。

☐ 相比关于艺术和哲学的讨论，我对现实的日常事务更感兴趣。

社会型人格

（荣格的外向感受型）

如果你具有相关的技能，你觉得下面的五种职业和两种休闲活动（或者与之类似的活动）中的哪种最令你感兴趣，最适合你？

☐ 护士

☐ 中小学教师

☐ 顾问／律师

☐ 牧师／神父／拉比

☐ 主妇（配偶／父母）

☐ 体育（比如，网球、滑雪）

☐ 俱乐部会员

用"是"或者"否"回答下面的五个问题：

☐ 我喜欢和各种各样的人聊天。

☐ 我通常比较圆滑、得体地表达自己的反对意见。

☐ 我乐于帮助他人，并和他们分享我的经验。

☐ 我喜欢合作。

☐ 有时候我发现我对某些人表达了超出实际的热情。

研究型人格

（荣格的内向思考型）

如果你具有相关的技能，你觉得下面的五种职业和两种休闲活动（或者与之类似的活动）中的哪种令你感兴趣，适合你？

☐ 电脑程序员

☐ 实验室技术员

☐ 翻译

☐ 医生

☐ 大学教师、研究员

☐ 棋盘游戏（比如，拼字游戏、国际象棋）

☐ 阅读散文作品

用"是"或者"否"回答下面的五个问题：

☐ 我会努力去准确理解别人对我说的话。

☐ 我重视对某一问题的知识性讨论。

☐ 在做一个重大决定之前，如果条件允许我会充分进行回顾和反思。

☐ 我会关注艺术、科学的最新发展和我所在单位、社区相关的最新消息。

☐ 有些时候我会在一开始抵制某一种新观点，但是可能随后会发现它的价值所在。

艺术型人格

（荣格的内向认知型）

如果你具有相关的技能，你觉得下面的五种职业和两种休闲活动（或者与之类似的活动）中的哪种令你感兴趣，适合你？

☐ 作家

☐ 设计师

☐ 演员

☐ 音乐家

☐ 建筑师

☐ 摄影

☐ 舞蹈

用"是"或者"否"回答下面的五个问题：

☐ 我总是出于冲动而表达自己的观点。

☐ 人们总是认为我是一个有争议的人，有些时候甚至有一些令人震惊。

☐ 我经常对新的想法产生浓厚的兴趣，但是往往忽视了背后的原因。

☐ 我十分赞赏他人的创意。

☐ 我对总体印象（美丑、意义），而非具体的细节更感兴趣。

现实型人格

（荣格的内向感受型）

如果你具有相关的技能，你觉得下面的五种职业和两种休闲活动（或者与之类似的活动）中的哪种令你感兴趣，适合你？

- □ 厨师

- □ 木匠

- □ 光学仪器制造者

- □ 工程师

- □ 农民

- □ 住所的 DIY 改造

- □ 帆船或者划船

用"是"或者"否"回答下面的五个问题：

- □ 在社交场合上，我更倾向于和几个我真正尊重和信任的人在一起。

- □ 无论他人怎么看，我总会尽力坚持自己的立场和计划。

- □ 无论是独自一人还是和一个团队一起，我都喜欢从事体力劳动或者运动。

- □ 承诺前我会确认我能够兑现这个诺言。

- □ 有的时候我其实对某件事情有强烈的感受，别人却可能认为我漠不关心。

进取型人格

（荣格的外向思考型）

如果你具有相关的技能，你觉得下面的五种职业和两种休闲活动（或者与之类似的活动）中的哪种令你感兴趣，适合你？

- □ 销售代理

- □ 旅游中介

- □ 经理或者管理人员

- □ 政治家

☐ 律师

☐ 累积赌金的游戏（比如，宾果 ①，扑克牌戏 ②）

用"是"或者"否"回答下面的五个问题：

☐ 我出门前会在衣着上花一番心思。

☐ 我喜欢团队中被他人关注的感觉。

☐ 无论是工作还是休闲娱乐我都不会冒险。

☐ 我喜欢竞争。

☐ 有时候我会不由自主地做出一些事后会后悔的承诺。

你在每一种人格类型上都会获得 0 ~ 12 分不等的分数。这表明了你对生活不同方面的感兴趣程度。一般来说，成人会在三种或者更多人格类型上获得超过 6 分。比如，你可能在艺术型人格一项上得分最高（假设是 9 分），但在进取型和研究型人格类型上也分别得了7 分和 6 分。这三者分别代表了自我莲花图谱上与你最接近的三片花瓣，同时也代表了你最有可能的三条发展道路。外在环境或者更大的内在不平衡可能会迫使你同时发展其他方面。

在第十三章中，我将简要介绍六条灵魂之路。每个人都可以通过这六条道路提高自己的灵魂智力。其中至少三条道路是相关联的，但是在具体的时刻都会有某一条道路显得特别突出。

---

① 宾果：一种碰运气取胜的游戏，每个牌手有一张或多张印有不同数字的方块牌，当叫牌人抽到并宣布各自的数字时即在方块牌上记分。第一个记下完整数字列的牌手为赢家。

② 扑克牌戏：一种纸牌游戏，由两名或更多的玩家在其手中牌的价值上下赌。

第十三章

提高魂商的六种途径

在这六条通向更伟大魂商的途径中，
每一种途径都要经过从缺乏魂商到高魂商的渐进过程。

没有必要在一条道上荒废一生，尤其是那些没有目标的小道。起程前一定要先问问自己：这条路有没有目标？如果没有，你一定能体会到，那就重新做出抉择。没有目标的道路必定无趣而终。你必须加倍努力才能保持前行。有目标的道路能让你轻松上阵，愉快前行。

——卡洛斯·卡斯塔尼达《巫士唐望的教诲》

在西方世界，人们坚信"唯一的道路""唯一的真理""唯一的真神"。我们羡慕那些早年便寻着自己人生道路并一路走到终点的人；我们无法信任疑惑、不可靠和意志力的反复无常。这里"道路"是指找寻自己最深处的意义和完整性，并进一步影响家庭、周围的人乃至全社会。选择一条目标明确的高魂商道路，便意味着完全的投入和奉献。

一个人如果幸运，可能早年便走上一条目标明确的人生道路，比如成为一个医生或教师。假如他的这个目标是出于其生命的内在要求，那么他选择的就是一条魂商之路。然而，人很容易眼光迷离，走入一条违背内心的错误道路。或许是迫于父母与社会的期许，或许是出于个人对物质利益的肤浅动机，或许仅仅是因为环境，人们就草率地定下自己的人生道路。他们很可能误入歧途，却不知道该如何停下，甚至还有人认为生活根本没有什么道路可行。

我在第二章提过的瑞典商业主管"安德斯"就在这样一条路上。早年他就确认自己想要"奉献"。根据自己的性格和才能，安德斯决定通过经商来达到这一目的。他满怀热情地坚持努力，自豪地与家人和社会共享努力成果，将世界变得更加美好。这源自内心深处的动力一直成为他生活的中心。我们一眼就能感受到他是一个诚实、正直且鼓舞人心的人。

要想提高魂商，首先得意识到拥有这种生活的可能性，接下来告诉自己"我想要的就是这样的生活"，然后毅然踏上寻找自己中心的艰苦旅程。在全身心投入所选道路的同时，我们还要意识到道路并非唯一。随着进程向前，我们可能会发现几条甚至很多的道路。这也许就是魂商更高程度的提升。

我们必须明白，没有最佳途径，高魂商的道路并非唯一。这个世界需要高魂商的厨师、教师、医生、技工、家长、演员、商人等。他们的人生道路都以不同的方式表现出优秀的灵魂智慧；他们的工作效率在高魂商的帮助下大大提高；每一种人生都将精彩绝伦、成绩斐然。

运用魂商没有什么特定的行为方式。无论做什么事，其体现的魂商高低取决于内在驱动力的水平，也就是接近中心的程度。提高魂商可以是祷告或冥想，也可以是烹饪、劳动、做爱，甚至仅仅是喝水，只要动力是源自人生的内在价值。

六种途径

自我之莲显示了六种基本性格类型，每种类型都与内在驱动力和精神能量相联系，成为通往中心的途径。虽然这六条人生道路迥然不同，但却都可以通往伟大的魂商巅峰。任何人都可能踏上他特有的追寻之路。

然而，如前所述，人们往往是几种个性的组合。每种个性都代表着一条精神之路，我们会发现大多数路径似乎都与自己有关。即使我们只有一个主要类型，了解其他的道路也有助于我们提升魂商。

　　一生中人的精神之旅时常会发生改变，或者是岁月中不知不觉的渐变，或者是面临中年危机时的骤变。假如这种改变是内心的能量转换，而不仅仅是一段痛苦经历，我们就很可能继续原有的前进道路，只是体验的范围会有所增加。例如，印度教提出了典型的生存阶段：孩童、学生、家长和圣人，每个阶段环环相扣，逐步丰富。事实上，世界上所有伟大的教义都认为，尝试多种精神之旅是很有必要的。

　　全力运用魂商的一个经典方式就是：用适合某条精神之路的办法去解决另一条道路上遇见的问题。艺术型或现实型的人（第四和第五种道路）无法单单靠参加集会（第一种道路）来抚慰内心深处的孤独。同样，一个不善言辞、内向的研究型人物（第三种道路）也不可能单单通过参加某个组织（第六种道路）就变成开朗的演说家。并不是所有的婚姻问题（通常是第四和第五种道路的结合）都能够通过简单的支持、滋养方式（第二种道路）来解决。我们往往因为看不到更好的选择而陷入困境。哲学家路德维希·维特根斯坦说过："当你手中只剩下一把锤子，所有的问题看起来都会像颗钉子。"本书接下来将列出六种基本的灵魂道路，目的就是为大家提供一个比较齐全的"工具箱"。有些材料在第八章有所提及，在这一章会更加完善。"教义重点"是指宗教著作中所提及的主旨或主要概念；而"实践"则是指具体的行为，如祷告、做饭等。

途径之一：尽责

性格类型：保守型

驱动力：群居，归属感，安全感

原型：土星，部族，奥秘分享

教义重点：遵守教规

迷思：上帝与人类的盟约

实践：尽职尽责

轮：底部，根基（安全，秩序）

看哪，我今日将生与死、福与祸摆明在你面前。吩咐你爱你的神耶和华，遵行他的道路，谨守他的戒律，使你可以生生不息，你的神耶和华必会在你生存的土地上赐福与你。倘若你不肯听从，被勾引去敬拜别的神，我今日明白地警告你们：你们的日子必不长久，必将走向灭亡。我今日向你作见证，你要慎重选择生命路向，以使你的族类都得存活……

《申命记》 30：15 ~ 20

这是一条经社会栽培并且回报社会的道路。安全感和可靠性往往取决于我们婴儿时期与环境的血缘体验。某种意义上讲，这条路对我们所有人都很重要。但是仅仅 10% ~ 15% 的西方人将其视为首要需求。

上文引用的旧约内容正是大多数西方人对这条道路的理解和认识。从狭隘的意义上看，它的要旨是上帝与人类部族的约定：人类服侍上帝；上帝保护人类。人们需要遵守规则，履行职责，同时接受祝福。行为的重点就是适应环境，以群体可以接受的方式做事情。

魂商的成长要求一个人将内在真正的动机表面化，学会让内在中心控制行动。一般遵循尽责之路的人会自然地表现出整洁、顺从、有条不紊、遵循传统等特征。但如果缺失灵魂地走这条路，则有可能导致教条主义、心存偏见、心胸狭窄、缺乏形象力等缺陷。

灵魂缺失导致的最严重后果是自恋。这些人会完全丧失所有人际关系，走进完全的自我封闭。心理学家将以下行为列入自恋的常见症状：嗜烟、酗酒、赖床、过度饮食、纵欲、忽视他人等。自恋的根源是重大的创伤，也许是儿时的不幸经历（比如被遗弃），也许是失败的人际交往。陷入自恋的人必须寻求治疗原始创伤。

灵魂缺失的表现还包括出于恐惧、习惯、厌倦、从众、利己、内疚等原因而墨守某一组织惯例。要想在这条路上提升魂商，首先要乐于了解自我，乐于经历创意人生。接下来要反思自己过去的所作所为。或许我们会经历一段叛逆时期，但终将成为回头的浪子。

要以高魂商走人生的尽责之路，必须从内心深处想要成为其中一员，必须在内心作出尽职尽责的承诺，当然也必须明白为什么这么选择。可以说，我们要将归属集体和例行常规作为一种神圣的行为。在过去，人们会通过某种加入仪式来表达这种选择，不过在当今社会已经不多见了。仪式不过是一种外在形式，表现高魂商的关键是要挖掘集体存在的根源。

尽责之路的要旨在于我的集体与上帝之间有个契约，具备发自灵魂的内在潜力。法国大革命和美国独立宣言就是基于人们对人权的神圣信念，或者说是对人性的信心。其至那些街头的帮派团伙和足球俱乐部都有他们自己的"神圣"信念和荣誉准则，他们会设计服饰、旗帜或徽章来强化他们的内在信念。

人一旦能真正效忠承担责任，热爱集体，以之为荣，便能够超越单纯的利己主义或墨守成规。这样人就进入了自我莲花的中间层——

一个比自我宽广得多的境地。

但是，我们不能仅仅满足于这个阶段的成就。虽然这时我们的魂商可能有所提升，但是融入集体也可能是缺乏魂商的。尽责之路上最深远、最神圣的阶段，应该是走出"我的集体"，将我在有限集体中发展的魂商运用到更加广阔的情境中。集体生活的神圣源头在莲花的中心，也是"我的集体"以及任何一个群体的源头。担当之路的终极目标就是到达这一源头。

从更高魂商的角度，我们领会到整个人类社会是我们所属的最终集体。现在身处的集体只是众多存在的团体之一，其规则也是众多存在规则之一，我们自己的日常习惯也反映出世界众生之相。所以我们要注意避开偏见和教条，避免盲目追随集体而误入歧途。只要心中持有这样的信念，日常系鞋带、做饭、做爱、算账、管教子女、打高尔夫球……统统都是以高魂商的方式行走在尽责之路上。我那平凡生活的方方面面都成为神圣的举动。我的举动将成为存在本源的典范。不管它叫作什么，在源头处，所有圣洁的名字都将归一。全心全意地为自己珍爱的事业效力，我们终会达到这一目标。

途径之二：培育

性格类型：社会型

驱动力：亲密感，父母关怀

原型：维纳斯（阿弗洛狄忒），万物之母，地球

教义重点：爱，同情，基督对人类之爱

迷思：伟大母亲

实践：养育，保护，医治

轮：丹田（性力，移情，养育）

大地，圣洁的女神，自然的母亲，你创造万物，赐万国日新的阳光；你是天空、海洋及所有神灵的守护者，在你的护佑下，万物悄无声息，沉沉睡去。当万物蒙你喜悦，赐下明媚的阳光滋养，生命得到永恒的保障。当人类的灵魂逝去，终又回归到你处。你就是那众神之母，毫无疑问。胜利属于你。

十二世纪拉丁文本草书

这是一条关于爱、养育和保护的道路。这条路属于女神，她是大地母亲，滋养万物生长和繁衍。这个原型包括男性和女性，但是在诸多方面表现出典型的女性特征。前面提到过，大约30%的成年人属于社会型人格，大多是教师、护士、治疗师、咨询师、社会工作者等。这也是一条康复之路，拥有水的恢复功效，类似中国人称为"阴"的宇宙力量。

自从人类社会由狩猎发展到农耕后，庄稼、家禽和人的繁殖就成为头等大事。伟大母亲的神话在许多地区广为流传。远在公元前7000年的新石器时代就出现了女神雕像，大都胸部丰满，臀部肥硕。基于母亲神的宗教也广为流传。

人类历史中，出现过各种各样的母性崇拜。例如闪族人的女神印安娜（公元前4000年）就是母亲和生殖的守护神。很多圣歌流传至今，赞颂她那子宫和巨乳的生殖力量。印安娜的教派包括巴比伦的伊师塔、希腊的阿弗洛狄忒和罗马的维纳斯，她们都与除太阳和月亮外天空中最亮的物体——金星有关。

在东方传统里，女神仍然在养育和性欲方面有广泛的影响力。印度女神夏克提和迦梨主宰着创造和毁灭。中国的观音菩萨象征着怜悯和同情。佛教里的度母相传为观世音菩萨慈悲眼泪的化身，专门在苦难河上运送那些不幸的人。

然而，当父权势力开始统治西方世界，伟大母亲神的力量开始逐渐减退，剩下的只有代表爱与性欲的女神维纳斯、代表母亲的圣母玛利亚。20世纪末，生态女权主义兴起，出现了一些另类康复疗法，似乎让我们看见了女神力量回归的预兆。

和别的人生道路相似，培育之路上也有魂商缺失和充足两种状态。缺失最严重的阴影就是爱与培育的反面——憎恨与复仇。爱可以是仁慈和忍耐，也可能变成狂暴和毁灭。养育品性同样可能把我们撕成碎片，就像那些吞噬自己儿女的希腊神话女主角。蛇发女妖美杜莎就是女性阴暗面的代表。

美杜莎曾经是雅典娜神殿里美丽而天真的女祭司，拥有所有年轻女神的美好特征。之后，她被海神波塞顿诱奸。雅典娜盛怒之下，把美杜莎变成丑陋无比的蛇发女妖，头发成为扭动着的群蛇的巢穴。她于是成了一个内心充满仇恨的女人，人们只要注视她的眼睛就会被变成石头。当谈到自己过去的经历时，美杜莎说：

> 为爱而生的女人啊
> 伤害将甜美变为怨恨
> 使天使沦为魔鬼
> 力量的体验令人着迷

重击那暴虐与专横

任他徘徊在死亡的阴霾中

哈！爽快！

在那强烈的权欲中

生命统统毁灭……

早期希腊神话记载，美杜莎被英雄珀尔修斯斩首，她的躯干变成了飞马帕格萨斯，她颈部滴下的鲜血则成了疗伤的良药。所以，美杜莎代表了矛盾的两面：一方面代表了女性生养和性特征的阴暗面；同时，正如所有阴暗面都蕴含精神能量一样，美杜莎拥有巨大的转换潜力。愤怒可以毁灭，也可以转化成为强烈的、可以疗伤的爱。

对应到现实生活就是那些令人窒息的爱，她们迫切地要占有自己所爱的人，渴望被人需要。这样的爱没有带给接受者力量，反而束缚了他们的成长。异教徒笑话里有位"犹太妈妈"，她总是过分担心儿子的一举一动，强烈渴望儿子成为医生，就是一个典型代表。

类似的情况还有：剥夺学生自我解决问题空间的老师，害怕孩子犯任何错的家长和试图拯救爱人的女人们。这些人所付出的帮助远远超出他人的承受范围。由于对受助者的成长信任不足，他们的帮助成了简单的溺爱和纵容，很可能造成极大的伤害。

有给科学家邮寄书信炸弹的动物权益保护者，有谋杀医生的反堕胎运动者，还有那一心为难民筹款却从不关心自己身边人的募捐者，这些人的爱都是狭隘的。

他们的爱仍停留在"自我"的层面，缺乏一种宽广的视野去认识对方的真实需要。因此，这种爱既不是源自培育之路的深层动机——亲密感，也不符合这条道路的核心价值——养育。

要想在培育之路上提升魂商，我们必须学会倾听并接受那个真实的自我，我们要无遮无拦，坦然地暴露在他人面前。简而言之，我们必须发掘自己内在的动力。

威尔士王妃戴安娜便善于倾听，而且勇于暴露自己的脆弱之处，她向世人展现了一个完整的自我，完全出于内在的动力。她爱过，并渴望被爱——她的愿望就是成为爱心皇后。所以她深得人心，成为培育之路上高魂商的楷模。

20 世纪 30 年代出现的卡尔·罗杰斯的人文主义心理疗法，至今广为流传，也是培育之路上发展魂商的典范。

他这样总结："怎么样才能最好地成就他人的成长？仅仅依赖知识、训练或教导是毫无用处的。我越是真诚以待，效果就越好。也就是坦诚地将自我展现出来，让别人能清晰地追随自己的内心……保持持续的理解力是建立这种关系的关键……完全不必受任何道德评价的束缚。"[1] 罗杰斯的描述正是圣徒保罗在新约里那段著名的"爱之定义"的世俗版：

我若把所有都周济穷人，又焚己身躯给人取暖，但若没有爱，仍然无益。

爱是恒久忍耐，点点慈恩。爱是不嫉妒、不自夸、不张狂。

不求自己的益处。不计算他人的恶。

---

[1] 卡尔·罗杰斯，《个人形成论》，第二章。

凡事包容。凡事相信。凡事盼望。凡事忍耐。

爱要永不止息。

《哥林多前书》13：4 ~ 8

这或许是对"爱"最伟大的描述。它是最具魂商的培育之路。仅仅用情感来爱一个人是远远不够的。仅仅靠表面观察来接受一个人，仅仅满足他 / 她表露在外的需求，都是不足的。自我精神世界的最深处充满了潜力，它决定了我们真正是什么样的人。高魂商的爱是具有变革能力的——它能释放更有效的自我表达，进而超越自我。

明智（高魂商）的父母总是致力于开发孩子的潜能，而不是简单地将自己的价值观强加在孩子身上，他们会为孩子提供足够的发展空间，使他们超越父辈，超越自我。

以这种方式爱我们的孩子并不难做到。但是对于那些不太受欢迎的人，认识并培养他们的潜能相比就显得难能可贵了。我曾去监狱里探视过一些性犯罪者，他们的罪行的确令人发指。然而，假如能够发现并且热爱这些"恶人"的潜力，我们就可以照亮他们心中光明的一面，帮助他们找到那个人人共通的自我。世界会因此变得更加美好。特蕾莎嬷嬷走的就是这个层面的仁爱之路。

途径之三：博学

性格类型：研究型

驱动力：理解，分辨，探索

原型：墨丘利神（罗马神），赫耳墨斯（希腊神），火，空气，引导者

教义重点： 理解，研究

迷思： 柏拉图的洞穴

实践： 学习，体验

轮： 心口（炙热和亮光）

因为耶和华你的神乃是烈火。

《申命记》4：24

至纯，至大

使人敬畏，

令人战栗，

这就是耶和华，以色列的神

他戴着荣耀之主的王冠而来……

却没有一双造物的眼睛能够觉察，

无论是血肉之躯，还是他的仆人，

因为看见或瞥见的

急转的旋涡将会吸引他的眼珠，

双目燃起火把，

令他燃烧……

《光明篇》，犹太秘教对摩西五书的注疏

博学之路范围极广，包含寻求真理、思考普遍性问题以及探索上帝之路以求与神意合一。正如之前引用的约翰·列侬的疑问："不知路在何方，叫我如何继续前行？"任何一种生命活动都至少需要一个基本的蓝图来指明方向。

博学之路通常从简单的好奇心或现实需要开始，随着热情的加深，我们有可能走到理解的极致。但是最深刻的理解也能把我们引入毁灭的边缘。

在人类文明的早期，知识被认为是僧人和牧师的特权。普通老百姓能做的就是照他们的指示行事。大约在公元前800年，希腊开始盛行俄耳甫斯教，开始宣扬知识有助于民众的成长。俄耳甫斯主义者认为人类是天地合一的产物，通过充满"激情"且令人陶醉的知识，人可以净化其世俗的天性，从而与神意合一。在冥界的源头徘徊的灵魂，可以选择喝下遗忘井或记忆泉中的水。选择记忆泉水的灵魂才会得到救赎，因为救赎需要知晓，进而需要记忆。

伟大的希腊哲学家毕达哥拉斯就是俄耳甫斯教义的追随者，他将通过知识获得救赎的观念带入西方。柏拉图也认为，知识可以帮助我们深刻认识更为全面、真实的现实，从而体会到纯粹的真善美。他有一个著名的洞穴寓言正好阐明了这一点。

一群人居住在一个洞穴的深处，身体被枷锁束缚，脖颈被镣铐禁锢，只能看见洞穴的墙壁和墙上投射出的过路人留下的影子。穴居者将这些影像视为现实本身。然而，知识可以逐渐将他们解放出来。他们向洞穴的出口爬去，起初被光线照得头晕目眩。但很快他们就学会在光线下看事物，并了解到真实的现在。他们意识到，当初在无知中看见的仅仅是幻影。柏拉图的哲学旨在帮助人们认识到这一点。

透过外表寻求真理是基督教、文艺复兴、现代科学以及像弗洛伊德和马克思这样的当代思想家的驱动力。弗洛伊德的无意识和马克思的无产阶级觉悟正是揭开无知面纱的典型。真理在一开始并不明显，必须通过特殊的训练来逐步发现，比如祷告、默想、学习和实验。借用科学家托马斯·库恩的术语，真正深刻的理解需要我们经历一种"模式的转变"——学会以全新的眼光看事物。

对知识的深切渴求是行博学之路的人的驱动力，学者和医生都是其中的典型。世界通用的医学标志是一条蛇杖，这是众神的信使、人类的向导赫耳墨斯所持的权杖，上边有两条互相缠绕的蛇。印度教中的太阳神经丛轮象征光和热，也与理解力有关。这里提到的理解力范畴远远超出逻辑或推理，从本质上讲它是对灵魂的获知，是一种深刻的感悟。可以想一下阿基米德光着身子从浴盆里跳出来，在大街上狂奔，高呼"找到了！"——他发现了浮力定理。

知识带来的热情使我们与环境和内心世界相融合。博学之路的阴暗面是那些逃避现实，宁愿保持懵懂状态的人们。我的母亲曾告诉我，问太多问题没什么好处，只会徒增烦恼。"像我，"她说，"就直接关掉开关。"这类人认为反省是件危险而痛苦的事情，他们害怕被事物表面现象，也就是洞穴墙壁上的幻影所迷惑。

还有一种形式的阴暗面，代表人物是传说中的浮士德。他因为贪求知识所能带来的能力，竟然愿意拿自己的灵魂与魔鬼交换。现实中有些科学家为了获得新发现而不择手段，全然不顾道德约束，正是典型的浮士德类人物。

有些冷漠、无趣的学究也是魂商缺失的代表，这类人对自己的工作充满热情，却仅仅局限在自己眼前的那片天地，终日为细枝末节的问题所困，没法深刻全面地理解现实。乔治·艾略特的小说《米德尔马契》中的卡索蓬，就是典型的学究式人物，一个鼻子细长而尖的刻板男人，终其一生追求他的"伟大事业"——一堆毫无价值、平庸陈腐之作。很多学者身上都有卡索蓬的影子。

牛顿在博学之路上也有缺乏魂商的负面影响。牛顿型的学者们，无论是科学家、教育者或咨询师，通常会将知识孤立起来，将焦点缩到很小的一点上。他们将知识与广阔背景割裂开来，将自己局限在一堆数据之中；他们怀疑情感，只信任逻辑与理性，陷在自己的洞穴和影子中不可自拔。

无论以高魂商的方式解决什么问题，都需要把问题放入一个大环境中，以便更加全面地审视它。最深刻的洞察力来自我们的内心，来自驾驭整个情境的终极意义。获得这种洞察力要从简单的反省开始——仔细想想每一个步骤，找出困难所在及其出现的原因，接着就要思考有没有其他的选择及其相对应的后果，从而改善解决办法。这样的反思是高魂商生活的每日必修课。

举个例子，比如我身患重病。首先我要想想病因是什么，然后寻找治疗方法，或许还要向专家咨询。也许我得的是致命的重病。这时魂商的洞察力能帮助我在生与死的大背景中看待病魔，认识到生命的局限，然后引向更深的反思，考虑如何支配剩下的时间。这样的反思必然会使我进一步思考生命的价值所在，我希望给这个世界留下什么，离开对我意味着什么。通过这些反复思索，我整体地看待步步逼近的死亡，很可能获得大智慧和随之而来的安详心态。

真正深刻的领悟一定与中心关联。耶稣说："你必须死过才能重生。"新知识会照亮人们已有的认识，有时甚至会将过去全盘否定。经历过否定的考验，人就会脱胎换骨。所以博学之路上必须不断地反省和学习。有个众所周知的犹太秘教故事恰好说明了这一点。

拉比阿巴基和三个人一同进入森林。而当他们走出森林时，一个人死了，一个人疯了，还有一个人弃教了，只有拉比阿巴基一人安然无恙。这个森林象征着奥秘，一种高度聚集的知识。拉比阿巴基在寻求奥秘之前，研究过多年的犹太律法和传统。他时刻约束自己的思想和灵魂，因此能经受考验。另外三个人则幻想能走捷径，最终堕入歧途。

途径之四：自新

性格类型：艺术型

驱动力：创造力、伊洛斯、生命本能

原型：月亮女神（戴安娜）、阿尔特弥斯、智慧女人、暗影

教义重点：全身心、探求、个性化（荣格）、仪式

迷思：冥府游、圣杯

实践：梦的运作方式、对话

轮：心（承诺）

迈克尔·罗伯茨想起了被遗忘的美丽，当他的双臂将她环绕时，他也将早已在这世上消逝的那份美丽拥入怀中。不是这些，根本不是。我渴望将尚未降临人世的美丽拥入怀中……妈妈正在整理我的衣服。她祈祷说，我可以在我的生命中了解心是什么。阿门。让它去吧。来吧，噢生命！我一百万次地遭遇真相，我在灵魂中铸造我的种族尚未创造的意识。

詹姆斯·乔伊斯《一个青年艺术家的肖像》

"将尚未降临人世的美丽拥入怀中……我在灵魂中铸造我的种族尚未创造的意识。"乔伊斯很好地捕捉到了具有艺术型人格的人的创

作驱动力。在自新之路上行走的人们常常产生一些未知的潜能——从没体会过的感受、从没见到过的景象、还未概念化的思想等。它们就是诗人里尔克所说的"无形的蜜蜂"。这类人群包括作家、艺术家、诗人、音乐家等，仅仅占人口的 10%~15%。但是，因为人类从根本上拥有魂商潜能，所以大多数人都或多或少地行走在这条路上。

走自新之路的人的本质心理状态是超越个人的整合。也就是，他们致力于探寻自身的高度和深度，把已经破碎的自我黏合成一个独立完整的人。从这种程度上讲，这条途径对我们所有人都十分关键。无论是青春期还是中年危机，任何年龄段都有可能进行这个整合。但是，从魂商的最高层面看，个人整合的旅程有可能把我们带入超越个人的领域——在远远超出自我和现存文化之上的层面，找到丢失已久的最深自我，从中心的深井中打水。

这条途径和大脑的"上帝之点"活动联系紧密，很容易产生神秘体验，所以这类人常常"行为古怪"，他们为了坚持自己的心智健全而不得不战斗（但是常常失败）。在第五章中，我们看到"神点"行为、艺术能力、灵魂体验和精神失衡都高度关联。所以，艺术家们常常被当作社会的"受创治疗者"（或巫医）——他们必须踏上通往未知的恐怖旅程，以找回失去的自我。虽然结果可能会失败，但是在旅途的过程中，他们带回了可以医治其他人的财富。这种产前阵痛是众多文学巨著的主题。例如但丁谈到自己到"黑森林"的旅程：

在罪恶山谷的深处
道路曲折让我心力交瘁恐惧万分

我发现自己在一座小山前

抬起双眼

我看到山脊闪着柔美的光芒

引领人们在自己的旅途大胆前行

那光芒也给了我无上力量

恐惧在我心湖中沉溺

昂首阔步 穿越那重重黑暗

好似一个游泳的人，用尽最后一口气

从危险的大海里挣扎上岸，回过头来

看着身后的狂野之水

我也回过头来，我的灵魂仍然在逃亡

向着死亡的阴影，凝望

从未有人从那条路径得以逃生 ①

很明显，这比喻的是一段到死亡之地的旅程：德梅尔特去冥府找寻她被冥王绑架的女儿普尔塞福涅；奥菲厄斯为夺回失去的欧律狄克来到死亡之地。我们夜晚的噩梦、短暂的崩溃或发疯，也可能经历类似的旅程。在每一段这样的旅程中，我们仿佛都在找什么东西，为了它简直可以不顾一切。

亚瑟王传奇就是一个类似的神话。② 在神话中，费希尔国王（珀琉斯）的土地十分贫瘠，国王也受伤了，只有找到圣杯才能让一切好

---

① 《神曲——地狱篇》，第一章。

② 约翰·马修（John Matthews），《亚瑟王的传统》。

转。一共征集了 150 位骑士进入黑暗森林，但是只有三个人能见到圣杯。同时，亚瑟王和他私生子莫俊德之间的战争还威胁着整个王国。亚瑟王代表光明的力量，莫俊德则代表黑暗。圣杯能够阻止分裂，然而王国却因为内战而灭亡。现代神话《星际大战》电影也是同样的主题，但结局要乐观一些，卢克·天行者把他的父亲达斯·维德从黑暗中拯救了出来，从而让王国摆脱了毁灭的暗影。

探寻之路带来的成果如果体现在个人层面，则我们会获得"日常"的艺术——一幅油画、一本小说、一款服装或者一份人际关系，它使得艺术家痊愈。如果痊愈发生在一个超越个人的层面，我们就会获得"伟大"的艺术，巴赫、但丁、陀思妥耶夫斯基创造的就是一种可以治愈整个社会的艺术。小说家弗斯特把它称作"先知艺术"，因为它预知新事物，创造了新事物。

伊洛斯也对应了探寻之路的能量。对立事物间的创造性吸引能够产生一种脱离混沌的秩序。在希腊神话中，世界首先是一片混沌，然后出现最早的一个神伊洛斯，他为整个宇宙带来秩序。艺术守护神是月光女神戴安娜，她散发夜晚的光芒，让我们不再害怕黑暗，不再因危险而畏缩。艺术家常常获得成功，因为他／她愿意去关注心理、文化或种族的方方面面，而其他人则不常做到。

米拉热帕是西藏最伟大的佛教宗师之一。他住在深山的洞穴里。一天，他回到洞穴的时候发现洞穴已被七个凶残的魔鬼霸占。他想："我可以选择逃跑，或者击退这些魔鬼。"他选择了留下来与魔鬼搏斗，最后用魔法不费吹灰之力就把其中六个魔鬼击退了。第七个魔鬼仍然负隅顽抗。米拉热帕心想："这个魔鬼其实并不真的存在，只是我内心的恐惧感产生的幻象。"于是，米拉热帕开始友好对待这个魔鬼，让他跟自己一起分享洞穴。"出于友好和怜悯之心，并将自身置之度外，米拉热帕把头放入了魔鬼的口中，然而魔鬼并没有吃掉他，如彩虹般地消失了"。

在把头放入魔鬼口中的时候，米拉热帕心甘情愿地走向了"边缘"。这个故事寓意着所有的创造都是在混沌及以下的边缘地带发生的。

在已知与未知的边缘

在可知与不可知的边缘

在有意义与无意义的边缘

在确定与迷茫的边缘

在兴奋与沮丧的边缘

在清晰与错乱的边缘

在愉悦与消沉的边缘

在抵抗与诱惑的边缘

在善与恶的边缘

在光芒与暗影的边缘

在生存与死亡的边缘

在安全和恐怖的边缘

在狂暴与控制的边缘

在入迷和虚无的边缘

在得到爱与失去爱的边缘

　　在爱与无爱的边缘

　　……

　　可以罗列的内容是永无止境的

　　处在边缘我们可能会有掉脑袋的危险（魔鬼的口或许太快），但是不到边缘，我们要承担更大的风险：一直活在阴暗中。

　　创造力的阴影是破坏或虚无。那些在创造之路上陷入黑暗的人们同样怀着热情，却是去寻找丑陋。比如，蓄意破坏物品、无意识暴力犯罪、展览装有流产胎儿的器皿。这是生活的敌人，但它们是充满激情的敌人。它们在探求迫害或丑陋中受到驱使，如同积极的艺术家在探求平衡和美时所受到的驱使一样。

　　自新之路的阴影中，还有一些人致力于从生动中分离出来枯燥（包括唯美主义者）。他们接受专断的形式，不能容忍活泼的增长或最初的混乱。他们热爱直线和尖角，不能容忍任何错位。

　　规则的反面是混乱，但是致力于混乱的魂商缺失者也陷入阴影，并且导致更为纯粹的混乱。比如有些罪犯，害怕所有的规则和承诺，为了反抗而反抗、反对"群众"所做的任何事。最悲哀的是，他们甚至反对自己的规则，在约会中迟到，错过最后期限，或是遭受"创作障碍"。

　　以上描述了魂商缺失的两种矛盾的极端情形。艺术型人群尤其饱受这些冲突的折磨，但是这能给他们提供强烈的动机。他们必须得经历光明与黑暗、喜悦与消沉的极端。害怕或逃避这些冲突是与魂商背道而驰。不过，边缘型人格很不稳定，有时甚至无法在危险的旅程中行进。

反思梦境的意愿，与自身或别人进行创造性对话的意愿，把头放入魔鬼口中的意愿——这都会大大提升魂商。处于极端冲突的人可以从日常生活中得到安宁。在荣格走向几近疯狂的七年中，他把自己还能保持中度健全归功于他的家庭和忙于救治病人。

通向中心的路径是最具魂商的创造之旅。这是一个无比恐怖的旅程，需要非凡的信念和心甘情愿的自我牺牲，还需要克服所有冲突中的最深的一个，即对死亡的恐惧。

途径之五：道义

性格类型：现实型

驱动力：建造、公民的职责和权利

原型：火星（希腊战神阿瑞斯）、大地女神该亚、亚当·加达蒙、宝剑

教义重点：普遍的兄弟情谊、自愿牺牲、公正

迷思：世界灵魂、因陀罗之网

实践：角色互换、建造一种对话"容器"

轮：喉（与次要事物进行斗争）

就是这股生命的泉水，日夜流经我的血管，也流过世界，有节奏地跳动。

就是这个生命，从大地的尘土里快乐地伸放出无数芳草，迸发出繁花密叶的波纹。

就是这个生命，在大海的潮汐里摇动着生和死的摇篮。

我的身躯正享受着生命世界的爱抚。我感到自豪而骄傲，因为时代的脉搏，此刻在我血液中跳动。

这欢欣的音律不能使你雀跃吗？不能使你激荡回旋在这快乐旋转之中吗？

万物急剧地向前奔去，不停留也不回顾，任何力量都不能挽住它们。

四季和着这急速的节拍，舞蹈着来了又去——色彩、音乐、芳香在这充溢的快乐里，汇注成奔流无尽的瀑泉，永不停歇地坠落、散溅而死亡。

拉宾德拉纳斯·泰戈尔

马克·史密斯是一位技术高超、德高望重的工程师，是公司的运营副总裁。他四十出头，拥有一个大家庭，有几个小孩。马克属于典型的现实型人格类型。他话不多，很少表露感情。同时他雄心勃勃，想为家庭创造最好的一切。他很以自己的工作自豪，对工作也相当忠诚。他有很敏锐的公正意识。在周末，他常常愉快地和家人一起野餐，或者修理卡车、检修船只。

后来，他得了致命的癌症，这迫使他在生命旅途中走出了一条更高魂商的路。病魔可能在两年内夺去他的生命。他对此没有流露什么感情，也不愿意谈起它，但是病魔所造成的深邃的精神影响通过他的人格强烈地表现了出来。当他的妻子（社会型类型）日夜以泪洗面、全力搜索有可能治好该病的任何消息来源时，马克说他只是想好好地生活。"我现在还活着，"他说，"我只想尽力地活到最好。"在悲剧来临的时候，他流露出的这种平静的力量支撑着他的家人和朋友。

尽管现实型人格类型常常表现得冷静沉稳（占总人数的20%，多为男性），但他们的道义成为精神上最为先进的途径之一。约翰·格雷（《男人来自火星，女人来自金星》的作者）把火星模式称作是沉默寡言、严谨、实干、感情内敛，就是现实型人群的典型特征，他们例证了英雄和勇士的理想。海明威作品的主角就符合这种模式。他们会为了眼中的公正而去战斗，甚至乐于献出生命。他们热爱自己的群体和同伴，兄弟义气根深蒂固。他们对死亡无所畏惧，对个人安危漠不关心，这条途径上写满了史诗和神话。

早在古希腊，哲学家普罗提诺就认为，西方很多宇宙神话其实体现的是个人灵魂。近代的哲学家黑格尔和叔本华也有同样的论断。犹太教神秘家把世界灵魂人格化为一个完美的男人——亚当，而我们就都是其中的一部分。美国作家拉尔夫·瓦尔多·爱默生把这称之为"每个人的身心所形成的超灵魂一体；真诚交流即是崇高的平凡心的体现"。最贴切的描述恐怕要数这段佛经："在因陀罗的天堂，传说有一张用珍珠织成的网，只要你看到其中一颗珍珠，便会看到其上映出的所有其他珍珠。同样地，世上每一件事物都不只是事物本身，而是关联着其他所有事物，事实上它就是其余所有事物。"现代科学的全息图像也呈现出同样的事实，全息图像是一种激光制成的图片，整张图片都包含在任何投影图像的每一小部分中。

还有关于该亚的神话——将地球和寄居在地球上的一切描述为一个生命有机体。这些神话能引领人们超越死亡的恐惧。行走在道义之路上，人的灵魂任务是与所有生物建立深邃的联系，这联系也是他们的自我的立足之地。对公正毫不妥协的追求使他们终将达到这个目标。

公正之路似乎与培育之路有些相似，实则不然。那些在培育之路上行走的人常常会与所爱人之间形成一种不平等关系，比如母亲与孩子就是天生的不对等。培育之路的人也重视情义，并尽力去消除憎恶或冲突。公正则要求坦然接受他人所有的积极和消极情绪，坦然看待他人的成功和失败。公正强调一种平等感，并且时刻意识到，人是不同的，冲突是生活真实存在的一部分。在这条途径上行走，人们必须把自己的偏好、利益得失都放在一边。

哈佛大学哲学家约翰·罗尔斯阐述了该如何处理道义之路上的需求。罗尔斯说，当主持权利分配时，我必须完全忽略自己去做决定。唯有如此，我所提倡的公正原则才不会有个人偏见。作为个人，我的决定可能仍然是短浅或片面的，因此理想的情况是我加入一个团队，在那儿每个人都发表自己的看法，每个人都考虑整体的利益。这就是理想民主的哲学基础，尽管今天的政治现状离这个理想仍有很大距离。以群体对话的形式运作的雅典"议会"就是一个成功案例。今天的众多群体也非常擅长实现"会议精神"。

强调整体的路上，阴暗面的表现形式是自我排斥，这种人是不敢自我选择的懦夫。他们只对没有挑战、可以遵循惯例的追求感兴趣，懒得与他人进行交流沟通。"感情这东西太麻烦了！"这就是约翰·格雷笔下处在不成熟期的"火星人"，身上刺着吓人的文身，成天捣鼓他的摩托车，除了机器和运动，他对其他事情毫无兴趣，只看重自身利益，让人难以接受。

对现实型人来说，要获得更为伟大的魂商，第一步必须要对事物的存在方式产生不满意感——对自己的狭隘兴趣感到厌倦，因缺乏情感交流而感到孤独，对无力清晰地表达自己的感受感到挫败。然后，坦率地承认这些是我自己造成的失败，而不仅仅是我没有遇到合适的对象。我必须渴望有所改变，渴望充实自己，渴望属于一个更大、更丰富多彩的群体。

像马克·史密斯一样，许多现实类型的人会通过挑战在这条路上走得更远——投入战斗，为了爱、为了信仰、为了团体而拼搏，甚至牺牲。

这最终是一条超越个人服务的途径，立足于永不死亡的灵魂。当这种类型的人能在某个层面把自己集中时，就会闪现魂商的光芒。正如拉尔夫·瓦尔多·爱默生所表述的：

如果他还未在上帝那儿找到归属，他的所有构成都将无意识地激励他，让他坚持到底。如果他已找到了他的中心，神的光芒将穿透他，穿透他所有无知的伪装、孤傲的伪装、偏执的伪装。寻求的语气是一个样子，拥有的语气又是另外一个样子。

公正的要求是，尊重所有人的价值，视他人为手足。最大的考验是在面对对手时，高魂商会让我们对敌人也抱有深深的尊敬。比如，搏斗中敌我双方的勇士们会惺惺相惜。尊敬自己的敌人把我们带到一个更高的人性层面，在这里会发现他和我都拥有共同的一些东西；在这个层面上我看到我们都是一个宏大剧本中的诚实的演员，进而我就进入到灵魂更深邃的境地，在那里，我们与所有人都联在了一起，于是我死里逃生。

途径之六：仆人领导力

性格类型：进取型

驱动力：权力、偿还、忠诚的服务

原型：木星（宙斯）、伟大的父亲、先知

教义重点：妥协、和神的结合、神父

迷思：（古以色列人）出埃及、磨难、菩提树

实践：自我认识、冥想、宗教老师—瑜伽

轮：眉（精神、命令）

喔，此乃现实中不存在的兽，

它的姿态，它的气质，它的头颈，乃至它的目光——

都有着深深的喜爱。

因为人们爱它，纯净的兽因此而生。

人们给予它空间，于是在此澄明的预留空间，

兽轻轻地抬起头来。

不需喂它食物，

只以存在的可能性喂养它。这赐予兽力量。

它的额头生有一根角。

当它接近一名少女，

那洁白之姿便长存于镜中，以及她的心中。

——勒内·马利亚·里尔克《独角兽》

所有人类群体，无论家庭、教堂、公司、部族、国家，都需要领

导者。要成为一个卓越的领导者，通常需要具有进取型人格的外向和自信，能够对权力应用自如。一个好的领导者必须与群体中的其他人融洽相处，必须是（至少看起来是）一个正直的人，能用理想来激励整个群体，不以个人为重。一个伟大的领导者服务于很多超出他自身的事物，一个真正伟大的领导者所做的事一点也不比"上帝"少。最终，一个领导者能在追随者中唤起一种价值引导力——肤浅的或深邃的，建设性的或破坏性的。

独角兽在西方文化中一直是一种特别的象征，它由人类的渴望和梦想召唤出来。在上面所引用的里尔克的诗中，则是由人类的爱召唤出来，坚信它存在的人给了独角兽出现的空间。以量子科学的观点，存在的整体即是独角兽的场——源自量子真空的无限潜能之海。我们每一个人都是量子真空（或"上帝"）的仆人，是多种存在潜能的仆人。

明白这种意义的领导者也会明白，他们的服务对象不只是家庭、团体、公司或国家，甚至不只是他们通常所理解的"看法及价值"。真正的仆人领导者服务于那灵魂中召唤独角兽的深邃渴望。他们能做到别人觉得不可能的事，为人类创造全新的方式。佛、摩西、耶稣就是其中的优秀典型。而当今时代，我们则幸运地拥有甘地、马丁·路德·金、纳尔逊·曼德拉这样的优秀公仆为我们服务。当然，其实我们每个人都有能力成为一名仆人领袖。

仆人领袖能够改善他所在群体的生活方式，即习俗。于是，第六个途径的服务绕回来影响到途径一，从而完成一个完整的莲花循环。有很多关于仆人领导力的神话：比如佛坐在菩提树下沉思，为全人类带来教化；摩西带领他的子民冲破囚禁，把上帝的法则带到世上；耶稣死在十字架上以让所有人明白何为"永生"。甘地为印度带来独立信念，也包括以更深邃的灵魂观念引导世人，堪称现代神话。

在某种意义上讲，仆人领导力是最高境界的灵魂之路。通过他们的生命，这些人有机会用自己的生命疗愈芸芸众生，向世人提倡最终的整合。仆人领袖必须能够服从魂商要求的整体性。这也可以算作一种恩典，因为对于那些天生善用权术的人来说，这种屈从很难做到。

驱动这种人格类型的中心能量是权力。误用和滥用权力会让人陷入领导之路的阴暗歧途。比如为了实现自己邪恶目的的暴君，还有虐待狂，通过暴力伤害或侮辱他人，从中得到快乐。像希特勒这样的领导者看起来是为超越他个人的事业服务——也就是这样，他才有了感召力，同时也使他变得如此危险。但其本质是一个邪恶事业，它煽动"黑暗面"的力量，最终导向毁灭。再比如《星球大战》中的虚构人物达斯·维德也是一个典型。麦诺斯王对权力的贪欲催生了克里特·米诺达罗斯，他吞吃了陷入迷宫裂缝中的天真少年。

卑鄙的政客、荒淫的暴君也是在最狭隘的自我层面上运用权力。他们通常会成为妄想狂，认为其他人会和自己一样背信弃义。

高魂商的领导者不会无视现有的常规。他们不会刻意刺激或挑战被领导的大众，而是循循善诱，让他们消除心中顾虑。现在仍然健在的日本商人矢崎胜彦就是这样的一位领导者。在50岁出头的时候，他拥有一个全球性的网络销售公司芬理希梦。1994年，他写了一本名叫《良知之道》的书，讲述了他自己的故事。

年轻的时候，矢崎胜彦继承了父亲的网络店铺，通过网络上的口碑相传进行门到门的商品买卖。慢慢地，发展成了一家成功的邮购公司，他也获得了巨额的财富。到了 40 多岁的时候，他已经拥有了他想要的一切：成就、财富、名望、幸福的家庭，但是仍感觉缺点什么。朋友给他推荐了一本禅宗的书，还向他引荐了城户井上（Kido Inoue）禅师。

矢崎胜彦在井上禅师的修道院修行了一星期。他发现禅修是一件很困难的事，有时充满了痛苦，有时又感到释放。他说："一阵子，我感到我好像找到了安宁；又一阵子，我感觉自己又像是妄想的囚徒。我第一次意识到，在我的内心有如此多的妄想，它使得我的日常生活起起伏伏，纷繁杂乱。直到那时，我才第一次如此真切地面对最真实的自我。"

一周之后，矢崎胜彦走出修道院的禅房，"第一次看到了世界的美丽"。他才意识到，过去自己一直生活在阴影中，整个世界都正被阴影破坏。他写道："与大自然、与他人、与自身隔离，人类把自己深陷在妄想中以获得虚妄的'安全'。人们不可避免地步入伪善。"

获得这些感悟后，矢崎胜彦重新投入到他的商业事务中。他开始致力于利用公司为地球及后代做些实事。他把公司重新命名为"芬理希梦"，这在西班牙语和意大利语中有"幸福"的含义，因为他认为企业的使命应当是增加人类的幸福。他形成了"超店铺"的新概念，这种店铺跨越了时空的限制，可以"在一个广阔的范域聚集价值"。他觉得，全球性地销售商品，在一个更广阔的层面扩大服务，他就能帮助他的顾客认识到未来自我的模样并预见更满意的生活方式。他出席了"里约地球高峰会议"，投身于拯救地球环境的活动中，捐献出大量资金。他还成立了一个基金会，用来支持研究未来人类的需求。

"我相信，"他说，"这些国际性的活动都源于我在井上禅师的修道院中的收获。"他所做的服务就是上升到"服务于上帝"的层面。

19世纪吠檀多哲学家韦委卡南达说："世界不过是一个健身房，灵魂在里面做运动。"这也暗合甘地的仆人领导力观念。谈到经济事务中的托管时，甘地说，当一个人拥有的财富超出他在世上应得的份额时，他就应该成为上帝子民的财富的托管者。正如耶稣所说："非我所愿，主，它是你们的。"这样简单的一句话，完全地指明了领导之路上的魂商要旨。

实现更高魂商的七个实际步骤

> 实现更伟大的魂商的七个步骤：
>
> ○ 明白我现在所处的位置；
>
> ○ 有强烈的自我改变欲望；
>
> ○ 思考自己的中心是什么，以及什么是我最深邃的动机；
>
> ○ 发现并消除障碍；
>
> ○ 探究更多的可能性以向前发展；
>
> ○ 让自己致力于某一途径；
>
> ○ 要清楚存在许多途径。

在这六条通向更伟大魂商的途径中，每一种途径都要经过从缺失魂商到高魂商的渐进过程。每种路径上的进步方法都是明确的。例如，养育之路需要我们由自私、嫉妒逐渐变得无私、博爱；责任之路要求我从一个盲目的追随者变成一个勇于承担责任的人。具体来讲，循序渐进的过程可以分为上边的七个步骤，下面一一详细阐述。

步骤1：你必须明白你现在所处的位置。例如，你目前的处境如何？会给你带来什么影响？你在伤害自己或者他人吗？这一步骤需要培养自我意识，培养反思自己经历的习惯。我们许多人都没有这样做。我们只是活着，一桩事又一桩事，一天又一天。高魂商意味着时不时地触及事物的深层，评估自己的内心。最好每天都进行反思，其实只需要抽出片刻安静时间就行。

步骤2：如果反思后，你觉得自己的状态可以更好，那么你就要下决心做出改变。先要诚实地思考改变需要付出什么代价。我准备好戒酒或戒烟了吗？准备好花更多心思来聆听自己和他人了吗？准备好锻炼了么？准备好照顾小动物了吗？

步骤3：现在需要一种更深层次的反思。你必须了解自己的中心在哪儿，最深邃的生命动机是什么。如果下个星期你的生命就将结束，你如何评价自己一生的所作所为？如果再给你一年的生命，你又将怎样度过？

步骤4：你有什么障碍？有什么阻止了你围绕中心生活？愤怒、贪婪、负疚、恐惧，还是懒惰、无知、自我放任？接着思考如何克服这些障碍。这或许是一个简单的了解，或者是"厌恶"（对自己感到讨厌）的感觉到了极点。但是同样也可能是一个漫长而痛苦的过程，你可能需要一个"指导"——治疗专家、好朋友或精神顾问。这个步骤常常被人们忽略，实际上非常重要。

步骤5：你应该走哪个路径？需要做出什么样的承诺？这一阶段，你需要了解各种前进的可能性。开展一些精神和灵魂工作来探索，找到各个路径的实际要求是什么，然后判定哪个对你而言可行性最大。

步骤 6：现在你必须把自己的生命放到一条途径上，并且朝着中心努力前行。你仍然需要时时反思这些问题：是否正为自己和他人尽最大努力？是否在现有条件下做到了最好？是否对事物的发展感到满意？自己目前的状况是否有意义？选择一条通往中心的路径意味着将你每日所思和所做变成崇高的圣礼，流露出所应该有的神圣之情。

步骤 7：最后，当你优雅地行走在你自己所选择的途径上时，还要始终警醒还存在其他路径。尊重自己，也尊重走在其他路径上的人们，或许在未来的某个时候你就需要转到另一条路径上。

通往源自中心的所有途径

当我到达突破点，我自己的意志和上帝的意志全都消失，我处于所有的创造物之上。我升华到天使之上，获得了无尽的财富，远远超过上帝造就的一切事物。实际上，在这个突破点，我和上帝成为一体。这才是原本的我，我是牵动一切事物的不变缘由。

——中世纪德国神秘宗师艾克哈特[1]

所有精神途径都是这样，当倚靠高魂商行走时，我在触摸自我的最深邃中心。在那个中心，"我是牵动一切事物的不变缘由"，因为我直接源自存在中心，我所有的行动都是表达中心的一部分潜能。这是一个超越自我的地方，也超越了所有特定形式——超越所有的符号和

---

[1] 引自肯·威尔伯，《性、生态、灵性》，第302页。

表达。按艾克哈特的话说，"我和上帝是一个整体"。用本书常用的一个比喻来说，我是大海中的一个波浪，并且我认识到我和大海是一个整体。15 世纪的印度诗人加皮尔也使用了这个形象：

我一直在思考

水和波浪之间的差异

升起来，水仍然是水

退下去，它也是水

你能给我一个提示

如何区分它们吗

因为有人编造了"波浪"这个词

我必须将其与水

区分开来吗

在我们的内心有一个"秘密的东西"

所有星系中的行星

像珠子一样穿过他的手

人们应该用他明亮的眼睛

去注视那串珠子①

每一种伟大的灵魂都在心中思考过这个地方。它是光，是火，在我们的内心闪耀和燃烧，它是灵魂带来的一切之源。这样的描述听起来很神秘，对许多人来说也太抽象，不好掌握。然而，当我们充分使用魂商来过日常生活时，我们每个人都会体验到它。它是我们日常事

---

① 罗伯特·布莱（Robert Bly）翻译《喀布尔之书》，第 22 号作品。

务中的神圣感觉，它是我们拥有爱时的光辉照耀，它是我们第一次洞悉事物时的着迷和兴奋，它是我们看到公正降临时的心满意足，它是当我们知道自己也在服务上帝时的安宁感。

所有六种灵魂之路都通向中心，通往可称作"启蒙"的体验。但是，当以最具魂商的方式生活时，所有的路径也来自中心。为了找寻中心，佛经历了重重摸索，但是当他成功以后，佛并没有只是走入"涅"，他毅然回到了人世，以启蒙所有人。高魂商的普通人也不会只寻求自己中心的福佑，而是会自发地响应它，随后承担起对世界的责任，与世人分享他所见到的光、他所获得的能量和他所体验的完整。他会是一个启蒙家长、启蒙导师、启蒙厨师、启蒙恋人等。

在自我莲花图的每条途径上，有一个往返于中心和存在的螺旋，它围绕着莲花的每个花瓣。在没有走完灵魂之路前，我们没有人会真正完整、真正完全、真正启蒙——找到一种创造性方式来服务于我们的世界。

还有一种存在的螺旋，它从一个生命引至另一个生命，从最后一次返回中心（被称作死亡），然后再次重生。我曾经建造过一个威尔逊云室。它是一个科学仪器，在其中人们可以看到原子在云状蒸汽中的轨迹。在云室中，我可以看到带电原子粒子突然从蒸汽的虚无中出现，它们运行几英寸的距离然后消失在蒸汽中，然后又在另一个地方出现。量子场理论告诉我们，我们就像这些带电的粒子，我们是源自虚无的量子真空中的"激活能量"，在这个世界上旅行一阵子，然后再融入我们所源自的真空中去，之后在另一个时间以另外一种能量形式重新出现。死亡贯穿生命，它是处在每条路径中心的节点，是存在的螺旋的基本部分。

在谈到与中心成为一体的体验时，艾克哈特说："因此，我并未出生，按照未生的生命方式，我也永远不会死去。我一直存在，并将永远存在。"①

当我们往返于中心的精神途径时，所获得的高魂商会让我们拥有难以置信的优雅。佛教中有一句话："在受到启蒙前，我砍柴挑水。在启蒙后，我砍柴挑水。"这并不是说启蒙不带来进步和转型，而是说真正的转型是把我们带回到我们开始的地方，看似一样的平凡生活，实则我们过得充实而透彻。

在《禅佛教指南》中，D. T. 铃木选用了 10 幅 12 世纪中国画真迹（15 世纪版本），画配有短诗，传达了禅宗对启蒙的理解，能很好阐述我所说的存在螺旋是什么意思。②

一个人在寻找牛（他的真实自我）。

---

① 引自肯·威尔伯，《性、生态、灵性》，第 302 页。
② 保罗·瑞普斯（Paul Reps）的《禅之精髓》一书中有这些图片的其他版本。本书的版本由伊拉莉亚·伯拉提诺（Ilaira Bouratinos）提供。

他发现了牛的足迹（他明白生命和自我的教义）。

这个人察觉到了牛（他重复了与存在之源相结合的体验）。

他抓到了牛，但发现如果想要牛顺从，他就必须要驯服牛。

这个人驯服了牛（他训练他自己的思维）。

他把牛骑回了家（他将与存在之源相结合的体验带到了日常生活中）。

牛消失了，因为这个人认识到现实的任何具体表现（包括他一直追随的途径）
都是短暂并且可以超越的。

一切都消失了：牛和感知到牛的自我都被超越。

鞭子、绳子、人和牛——一切皆融入虚无。

天空辽阔纯净，任何东西都不能在那里留下印记，

熊熊烈火中能留下多少雪花？

这里出现了长者的足迹。

显然，这个人开始感知到了宇宙的创造力和破坏力，但是他还不能轻易地与日常层面发生关联。

他是"山丘上的傻瓜"，被自己的想象遮蔽了少许。

这个人现在成了一名能手，他回到了尘世，"我不寻找什么，我过着平常的生活，
但是我现在看到的每一样东西都变得充满灵气。"

在《四首组诗》的"小吉丁"中，诗人 T. S. 艾略特表达了同样
的存在的螺旋和牧牛图的意义：

> 我们将不停止探索，
>
> 而我们一切探索的终点，
>
> 也是我们出发的地方，
>
> 可是我们生平第一遭知道这地方。
>
> 世界的终极犹待我们去发现，
>
> 穿过那记忆中未知的大门，
>
> 就到了我们过去的起点；
>
> 在漫漫长河的源头，
>
> 深藏着瀑布的飞湍，

在苹果林中传出孩子们的欢笑，

这些你都不知道，因为你

并没有去寻找，

而只是听到，隐约地

在大海波浪之间的寂静里。

倏忽易逝的现在，这里，现在，永远——

那是最最简单的状态。

（要求付出的代价却不比任何东西少）

一切都会好起来，

当熊熊火焰聚合成

高居冠顶的火苗，

与玫瑰合为一体。

　　所有的途径都往返于中心。追随它们是一个终极的探求。但是，有时候，实现它们则是一种屈从，甚至受启蒙的渴望最终都将烟消云散。

第十四章

你的魂商有多高

如果要提高魂商，必须要克服种种负面精神形式。
接下来要做的是进行反思练习。

与线性、逻辑性的智商不同，魂商是不可量化的。接下来要做的只是进行反思练习。共分为七个部分，每一部分都对应一种人格类型或者一片莲花花瓣，第七部分揭示你离中心能量有多近。如果你在第十三章中已完成关于人格类型的问卷，就会看到，我们每个人通常是表现为至少三种人格类型的混合体。同样地，在这里的问卷中，至少有三种精神途径与我们每个人都有关联。当然，读者最好还是在一天内仅回答一种途径的问题，以便有足够时间进行反思和比较。

针对每种精神途径都有四组问题，包括：

○ 你的经历；

○ 发展中的障碍；

○ 进一步发展的一些潜在问题；

○ 特定途径中的某些超越个人的范畴，或更为常规的精神范畴。

尽管这些问题将引发你许多思考，但大多只是涉及一生旅程的表面东西。

途径一：尽责

1. 在你的生命中你愿意属于以下哪种群体：家庭、朋友、工作、邻里、国家、民族，抑或没有？

2. 在这些群体中（如果有），你曾与哪个群体疏远开了？为什么？你离开时有没有什么不好的感觉？由于意见不同？有创伤事件吗？有内疚感吗？离开后，你仍感到受群体的规定或习俗约束吗？如果是，为什么？

3. 有没有哪个群体你愿意更全面地归属？这可行吗？

4. 现在你的道德规范是什么？它的源头是什么？你追随它有多久了？你有没有想过为所涉及的每个人（或者几乎每个人）做出某种改变以改善整个群体？你有没有针对它做过任何事情？在过去一年里你做过任何重要的决定并坚持了吗？

途径二：培育

1. 现在（或过去）有没有哪个人让你乐意不计回报为之付出？现在（或过去）有没有哪个人你乐意向其索求多于付出？

2. 目前有没有人正被你忽视、伤害或者嫉妒？为什么？对此，你做过任何正面或者负面的决定吗？

3. 现在（或过去）有没有你想帮助但却没能帮助的人呢？对此，你有什么样的感受？如果他们不需要你的帮助或建议，你能和他／她成为亲密的朋友吗？和亲密的朋友在一起，你能敞开心扉真诚地谈论让你难以启齿的话题吗？

4. 人们认为你是一个容易交谈的人吗？你会帮助那些靠近并向你寻求帮助的人吗，即使他们并不属于你所在的社交圈？

途径三：博学

1. 你会对身边人的生活方式抱有积极的兴趣吗？你最近阅读或讨论过心理学、哲学、道德伦理或类似主题吗？

2. 如果在某个问题上你感到无法进展，通常是把它撂在一边，还是试着找寻另外的解决途径？你是否有任何未做出的决定，对某些主题有过混淆，或者有任何长期实践问题呢？你觉得如果要在这些问题上取得进展，必须具备什么条件呢？

3. 你是否经常能看到一个论点正反两面的价值？如果能，会发生什么样的事情呢？你能在这一点上进行延伸吗？人们经常让你感到惊奇吗，或者说，你对他们的直觉判断是否常常是正确的？

4. 你会在知识方面追求某些东西吗？如果尝试定义你想要理解的确切内容，什么可能会对此有所帮助？什么会妨碍你？这对你有多重要？你能接受你目前的理解欠缺并且不放弃追求吗？

途径四：自新

1. "我们不会真正拥有任何东西，除非在拥有它的最初，我们满怀激情"。这一点在多大程度上体现在你的生活、事业等方面？有没有你想要尽力避免的某种感觉？

2. 回想某个人、梦、幻想或者故事，它们让你充满浪漫的渴望，但却没有一个完美的结局。这时，你是否感觉生命错过或者缺少些什么？你去尽力实现你的梦想了吗？如果是，你为此做了些什么？你是否因痛苦、羞辱或者犬儒主义而放弃？如果不是，那么又是什么让你退缩——道德、谨慎、胆怯，还是三者都有？现在就来寻找一种可以表达这种感情的方式吧，可以通过诗歌、写作、跳舞、听音乐或者找一个你信任的人倾诉。（在这里，才能不如信任重要。）在特定的情感状态下，你通常能看到多种可能表达你感情的方式吗？

3. 你能体会到和你所敬佩的那些作家、艺术家或者音乐家一样的情感吗？请举出让你感动的这样一件艺术作品。找出它的创作者的一些事迹，并拿他/她的生活与你进行比较。你明白如果被放置在某种场景中，即使是痛苦的，也能对他人做出贡献吗？

4. 举出深深打动你的个人行为，其利弊如何？现在试着找出一种互补或者平衡的行为示例，看这两者之间能否有一个令人满意的对话。有没有让你感到同情的坏分子？从中又能了解到你自己的什么东西呢？

途径五：道义

1. 在理想的情况下，你愿意和任何人进行交谈吗？请找出激起你兴趣的一次会面。你能想象和任何人转换角色吗？你对公益事业有积极的兴趣吗？

2. 有没有一些人让你感到不自在？为什么？你的情绪会是怎样的？（无聊、害怕、愤怒、竞争、藐视、后悔，还是其他？）如果你处在他们的背景下，你认为你的做法会和他们不同吗？

3. 公正对你来说重要吗？针对每个人或者仅仅针对你亲密的人而言呢？如果你只关心对某些群体的公正，那么实现公正你能得到什么呢？

4. 你对死亡这个话题感到不安吗？你相信人死后还存在某种生命载体吗？天堂、转世，还是在你的后代中存活？你有爱过所有人或与所有人都团结在一起的经历吗？你是否感到可以为某个人或某些原因而舍弃生命？

途径六：仆人领导力

1. 你曾做过某个群体的领导吗？感觉如何？对于理想或社会你曾

有过什么想法吗？有为实现这一想法而做什么事情吗？你放弃了吗？
为什么？你能进一步推进你的想法吗？它是否需要完善？

2. 你是否在没有反思的情况下采纳了早年生活的观念？是否接受
了你的父母、朋友、同事或配偶希望你做的事？当感到困惑或压力的
时候，你做过草率的决定吗？这些随着你年龄的增长改变了么？改变
以后的观念仍然吸引你吗？

3. 你是否总是能找到解决紧急状况的方法？如果深入内心的想法
受到挑战，你会放弃吗？你会因为"十分了解"而变得过分自信？
你喜欢用民主讨论的方式来辨析问题吗？

4. 如果在短时间内没有机会被他人接受，你还愿意锲而不舍地坚
持你认为有价值的事情吗？你曾有过"神圣"（超越你自己的理智）
的体验吗？尝试过用某种方式来表达它吗？你能想象出一个可能表达
它的实用结构吗？

中心

1. 你有没有感到过自己处于一种超越日常自我的强大精神力量之
下？如果是，那么它是否包含了一种热爱所有事物或和所有事物合为
一体的感觉？它是否包含了一种超越你自身智力的感觉？这种经历是
否超越了时间、空间和形式，虽然你意识清醒但却无法描述？这些体
验对你来说很重要吗？

2. 你常做噩梦吗？你会感到所有的祸福都是由隐藏的力量控制着
吗？你会发觉和人接近很难吗？你常感到生活没有意义吗？你真的不
喜欢独处吗？（如果要提高魂商，这些都是必须要克服的负面精神

形式。)

3. 如果长时间讨论之后，你和同事在某个原则问题上仍不能达成共识，你会怎样处理呢？想象几种不同的情形及其可能的后果。

4. 你有没有体验过不只是愉悦的那种纯粹的满足感？在那时，你通常会做些什么呢？这些美妙的时刻会激发你的力量吗？如果你在今晚就将死去，你会觉得在某些方面自己的生命是有意义的吗？有多大的意义呢？

第十五章

在尘世生活中成为高魂商者

高魂商要求我用深邃的自发性来回应身边的所有事物，
同时承担起我应当扮演的角色。
这种责任是我生命中最深邃的目标和意义。

一个美国富商来到墨西哥沿海村庄度假，在码头上晒太阳时，他看到一个渔夫驾着小船靠岸了。船里放着几条巨大的黄鳍金枪鱼。美国人夸赞墨西哥人说他的鱼真不错，问他花了多少时间捕这些鱼。

墨西哥人答道："只用了一小会儿。"

美国人接着问："为什么不再多花点时间捕更多鱼呢？"

墨西哥人说："这些鱼已足够满足我们全家人目前的需要了。"

美国人不解地问道："但是，您余下的时间都做些什么呢？"

墨西哥人说："我每天起得很晚，捕会儿鱼，然后陪孩子们玩一会，和我的妻子玛丽娅一起午睡，傍晚就在村子里面转悠转悠，喝点小酒，和我的朋友们一起弹弹吉他。先生，我每天都过得很充实呢！"

美国人轻蔑地说道："我是哈佛大学毕业的工商管理硕士，我可以帮助你。你应该花更多的时间来捕鱼，用赚来的钱买一艘更大的船。然后用大船赚的钱再去买更多的船。最后你就有了一支船队。你也不再需要把捕来的鱼卖给中间商了，你可以直接卖给加工厂，最后开一个属于你自己的罐头工厂。整个工厂的生产、加工以及配送都将由你控制。然后你就能离开这个小渔村，住进墨西哥城，然后再到洛杉矶，最后定居在纽约，在这些地方你还可以打理不断壮大的企业。"

墨西哥渔夫问："但是先生，这需要花多少时间呢？"

美国人答道："15 到 20 年。"

"那然后呢，先生？"

美国人大笑，并说道："这就是你一生中最辉煌的时刻。当时机一到，你就向公众出售公司股票，你将变得非常富有，赚取数以百万的财富。"

"数以百万的财富，先生？然后呢？"

美国人说："然后，你就可以退休了。住进一个小渔村，在那儿你每天可以起得很晚，捕会儿鱼，和你的孩子们一起玩耍，和你的妻子一起午睡，傍晚就在村子里面转悠转悠，喝点小酒，和朋友们一起弹弹吉他。"

我们不难看出，故事中的美国商人是个精神愚钝的人，而墨西哥人却有着高魂商，为什么呢？因为渔夫对他的生活目的、内心最深层的动机非常清楚。他选择最直接的生活方式来满足自己的动机。他心态平和，自己便是中心。相反，那个美国商人则是精神愚钝文化中的一个受害者。他被外界驱使，不得不为了所谓的"成就"而去奋斗。他内心深处想要的那种生活（像渔夫那样）对他来说是遥不可及的。他有明确的目标，其实不过是在哈佛大学学来的，对他本身毫无意义。渔夫很有可能会长寿，在祥和中辞世。而美国商人却要为他55岁的那顶桂冠而挣扎奋斗，没准到死也还没有完成。

了解最深邃的动机

我们的动机——许多人称之为生活的目标——是一种深邃的精神能量。它们把潜能从自我中心转移到表层。它贯穿我们在世上的一切行动。有一些动机是下意识的，比如照顾好自己的孩子，赚足够的钱从而过想要的生活等。有些动机属于无意识层面，它埋藏在我们个人的无意识之中，或者埋藏在我们族类共有的无意识中。比如群居、亲密、探索、建造、自我主张、创造力等这些深邃动机在无意识层面上驱使着我们多数人。亲密动机是我们想要好好照顾孩子的基础，创造力动机促使我想要著书。但是，更深邃的动机仍是源自自我中心——

为了意义，为了完整，为了在生命历程中获得发展的动机。

在精神愚钝的文化中，我们的动机被扭曲了。身边形形色色的社会压力使我们把欲望误解为需求。我们的欲望往往会超过我们的需求，于是欲壑难填。我们的文化对成功的衡量标准使得我们一心想要拥有更多财富、更多权力、更多的"鱼"。许多西方人身体超重就是扭曲的动机所导致的常见疾病之一。我们用吃来填补内心的空虚，却永远无法驱散空虚。

要想获得更高魂商，一个办法就是寻找隐藏在表面欲望下的真正内容。不要盲从于外界加给你的种种欲望，停下来思考一下："隐藏在这些欲望之下的更深邃的需求是什么？完成那些欲望真的能满足我的深邃需求吗？"魂商让我们更深入思考我们需要的是什么，让我们把这种需求置入生活更深更广的框架之中。

当今的精神愚钝文化带来的动机短路并不限于物质财产方面。它常常侵扰我们的职业选择、人际关系，乃至休闲娱乐。当感到空虚的时候，人们可能会去迪厅或者吸毒；感到不充实的时候，他们又对那些性感尤物趋之若鹜。但是这些行为不会满足人们的完整性深层需求。我们必须要在一个更深的层次来学习了解自己。

高度的自我意识

自我意识是高魂商的最高标准之一，但却是精神愚钝世界最不重视的一项。从入学那一刻起，我们就被训练着探求外部事物，而不是探求我们的内心，重视外部世界的实际问题，并以目标为导向。实际上，西方教育不鼓励我们反思自己的内心生活，也不鼓励我们去放飞自己的想象。随着一个个曾被普遍接受的公众信仰逐渐消亡，几乎再也没有什么会鼓励我们去反思我们所信仰和珍视的东西。我们中很多人对"空虚"或"沉默"时刻深感不安，于是只好靠不断的躁动来打发时间，用噪音来填补沉默。

形成更高的自我意识是提高魂商的首要因素。显然，第一步只是了解问题，了解我们对自己知道多少。为此，我们可以从事一些简单的日常练习，以提高自我交流的能力。

这些练习包括：

○ 冥想，可以通过许多简便途径学会。

○ 读对自己有意义的一首诗或者几页书，反思为什么。

○ 进行"树林散步"——通过休憩让自己的思绪从纷繁的活动中解脱出来，给自己一点思考的空间。

○ 用心聆听一段音乐，审视它与精神和情感的联系。

○ 投入地关注每天的场景，然后回味，找寻其中微妙的差异和联系。

○ 养成记日记的习惯，不但从日记中回忆当天的事，还要思考自己对这些事是如何响应的以及原因。

○ 用日记记下梦想，并反思它们。

○ 在每天结束的时候，重温这一天的经历。什么事最打动我？这一天我享受到了什么？我后悔什么？怎么做才会使这一天有所不同？

自我意识可以是对自我界限的询问：我的边缘在哪里？我的工作或活动的边缘（在这里我必须拓展自己、挑战自己）又是什么？我的边缘是我的成长点，从这个地方我可以转变自己。我们的精神愚钝文化很少提醒我们面对个人边缘，而是总让我们受到日常琐事的束缚。

在这种情况下，什么将是更难的选择？我们必须学会问自己这样一些问题：如果我做出那个更艰难的选择，我将会获得什么？它会是更大的磨炼、更多的自我奉献、更少的私心、更多的承担吗？是什么阻止我做到这些呢？

关注深我

最终，我们每个人的内心都有一个深层自我，它作为一个整体存在于宇宙中，它源于追求意义的人类需求。高魂商要求我们有意识地去适应深我。

我们没法总是看到内心中的深我，没法总是去感受真正深深激发我们的东西，也没法总是知道我们内心深处最为珍视的东西。我们的精神愚钝文化不鼓励这种深度的个人见解。现代的集体无意识与消费广告的冲击恰好与带来即刻满足的性和暴力产生了共鸣，所以只有一种活生生的精神景象能将我们的生命置于自我中心所在的更深更广的情景中，可惜我们很少有人得到它的滋养。

然而，深我就在我们的内心之中。无论被滋养还是被忽略，它都在那儿。它偶尔会在爱或者亲密、愉悦或者惊奇的非凡瞬间闪现，甚至会在我们最悲恸、最恐惧的时刻产生突破。即使我们不能在内心感受到它，通过反思别人的行为（无论是在现实中还是在虚幻中）也可以认识到人类的潜力，感受到一些关于自己深我的东西。

利用和超越困难的能力

我们的精神愚钝文化是一种受害者的文化。不幸的童年、病菌的入侵、工作中受到的欺凌，这些使人们人格扭曲。

在这样的情况下，通往魂商的第一步就是重新承担起生活的责任。利用天生的自发性来精神饱满地回应生活。我发现自己身处痛苦之中，但是只有我自己才可以影响我自己的回应，只有我才能调整我对所发生事情的态度，只有我才能对身上所发生事情赋予意义。我可能会得不治之症，但只有我能决定如何去回应它。只有我才能为自己而死。

在《活出生命的意义》一书中，维克多·弗兰克指出，我们每个人都有超越痛苦的伟大自由。作为奥斯威辛集中营的囚犯，他经历了最大的磨难，但他合适地选择了自己的反应方式，成功地超越了痛苦，为自己的生命找到了意义。我们可以把痛苦磨难看作是无能为力的事情，但同样也可以把它们看作是挑战，甚至是机遇。即使是在最极端的情况下，比如死亡临近，我们也可以"好死"，让自我归于安详。我可以因工作的枯燥而责怪公司，也可以从内部去改变我的公司或是跳槽。如果两者皆不可能，那我依旧可以控制我对工作的态度，影响工作中的各种关系。我们会被一些难以置信的故事鼓舞，比如，一个失去双手的人用脚趾写了数本小说；一个癌症患者为了癌症研究而去跑马拉松；饱受丧亲之痛的父母为更多夭折的孩子成立了纪念基金会。需要做的只是为我们的日常生活承担起责任，跨越所遇到的寻常障碍，从而成为一个小小的主角。

站在大众的对立面

我们的文化是大众的文化。媒体鼓励我们思考同样的问题，持同样的观点。批量生产使我们的品味范围大大缩小，铺天盖地的广告竭尽所能地确认这些狭隘的品味。同样地，它还是一种时尚文化：说到戒烟，我们都会掐灭烟头。知识分子们接受相同的流行思想，管理顾问全都出售相同的方案，医生们也都求助于同样的药剂。我们不再知道如何来自己思考。

高魂商的一个重要标准是做到心理学家所说的"场独立性"。也就是站在大众的对立面，对于自己坚信的意见，即使非主流也要坚持。这里我们要再次强调拥有个人中心意识的必要性。如果只存在于自己的自我层面，那我只是一套为适应我的经历而发展的个性化应对机制，即一个面具。因此，我会消极地依赖别人的反应和看法。但如果我生活在自己的中间层，那么我就是这个群体中的一部分。

高魂商要求我们拥有一个完整的自我，并且健康地参与到群体中来，但是两者都必须扎根于我们的深层中心。从这个居中的视角，从这个可以称作"深层颠覆"的视角，我脱颖而出，并且可以贡献一些东西——我的视角。我知道我是谁，知道我信仰什么，这不是自我主义，而是真实的个性，它往往需要巨大的勇气。

智利生物学家安拜尔多·马图拉纳的小儿子在学校感到很不开心，因为他觉得没法从老师那儿学到东西。那些老师只是教儿子他们所知道的，而不是教儿子所需要的。于是，马图拉纳写了一首题为《学生的心愿》的诗，下面便是节选的译文。它很好地表现了一个高魂商者如何回应来自父母、老师、老板或群众的一致压力。

> 请不要把你所知道的强加于我，
> 我想探求未知的世界。

我要成为自我探索的源泉。

让知识将我释放，而不是将我束缚。

你的真理世界或许会成为我的桎梏；

你的智慧我不会在乎。

请不要命令我；让我们一起前行。

让我的丰盛在你们的丰盛结束时开始。

展示我自己，

我就能站在你们的肩膀上。

展现你自己，

我就能有所不同。

请你相信，

每个人都能去爱，去创造。

于是，当我要求你按照你的意见去生活时，

我明白你的恐惧。

只听你自己的心声，

你不会知道我是谁。

请不要命令我；让我自由发展。

如果我成为和你一样的人，那是你的失败。①

不要轻易造成伤害

我们的文化是原子论的。把你我分开，把"我们"和别的人分

---

① 马西亚尔·洛萨达（Marcial Losada），《关爱》，灵感来自安拜尔多·马图拉纳（Umberto Maturana）的《学生的心愿》。未公开发表。

开，把人类彼此分开，把人类和其他生物及自然界隔离开来。弗洛伊德宣称，爱和亲密是不可能的，我们绝不会像爱自己一样去爱我们的邻居。

魂商要求我们了解自己的深我，它们扎根于量子空间存在本身的中心。依照量子场理论，我们知道，我们每个人都是真空"池"中的能量波的激发。我们无法分出波和池塘的界限，也无法分出自己与其他"波"之间的界限。我就在你们当中，在每一种生物当中，在每一团星尘中，并且这些也都在我的心中。我们所有人都是围绕同一个中心的个体形态。一位高魂商者知道，当他伤害别人的时候，他也在伤害自己。当我用我的垃圾或怒气污染大气时，我的肺和心智也在受到污染。当我自私地给别人带来磨难时，我自己也遭受这磨难带来的痛苦，它扭曲了我，把我变得"丑陋"。当我把自己和别人隔开的时候，我也把我自己从自己中心能量之海隔离开来。高魂商要求我用深邃的自发性来回应身边的所有事物，同时承担起我应当扮演的角色。这种责任是我生命中最深邃的目标和意义。

在宗教方面成为高魂商者

在本书刚开始我们就阐明，高魂商和宗教并没有必然联系。一位虔诚信徒有可能是精神愚钝者，而一个坚定的无神论者也有可能是高魂商者。但是，获得高魂商绝不是要挑战宗教。相反，我们大多数人都需要某种"宗教"框架来指引生活，例如伟大导师的思想、圣徒的行为、礼乐的暗示。很多人都因为坚定地遵从某种信仰而活得充实。一旦丢掉了信仰，许多人就会迷失自我。的确，我们大脑的神经构造就存在一个"神点"，可见某些形式的宗教经历和信仰能力给我们这个物种带来了进化优势。它帮助我们领略意义和价值，鞭策我们努力，带给我们目标感和关联感。

精神愚钝和高魂商之间绝对不是宗教间的差异。根本的差异在于我们的态度，在于我们的信仰本源。

正如我们所知，魂商源于自我的深层中心，建立在量子空间的无尽潜能之上。在自然界，空间可以以任何形态存在。因此，任何宗教体系只要根植于中心，就都是中心的一个有效的表达形态。但是，正如犹太神秘家提醒的那样，上帝有十张面孔（换句话说，就是有很多的面孔），而真正的神秘家应该了解尽可能多的面孔，以便最好地了解隐藏在每张面孔下的真实上帝。

作为一个高魂商的基督教徒、穆斯林教徒、佛教徒或其他教徒，我热爱并崇敬我的宗教——我热爱它，只能是因为它表达了宇宙万物的中心潜能。这并不妨碍我对其他形态也怀有真诚的尊敬，甚至我还可以想象自己生活在这些形态中。13世纪伊斯兰苏非派神秘家伊本·阿拉比这样表达：

我的心已经变得可以适应任何形态：它是羚羊的牧场，是基督教徒的修道院，是偶像的圣殿，是朝圣者的卡巴，是《托拉》的铭文，是《可兰经》。

我追随爱的宗教：不管爱的骆驼走哪条道，那是我的宗教，我的信念。①

---

① 伊本·阿拉比，《欲望的诠释》。

在死亡方面成为高魂商者

现代文化中，精神愚钝最明显的表现或许就是我们在面对死亡时的无力。对死亡，我们感到如此不安和恐惧，于是坚决排斥它。大多数西方国家对死亡都没有设置什么有意义的仪式。即使有仪式，也大都没有将死亡看作生命历程中的自然部分。一些敏感的医生（如爱尔兰的迈克·科尔尼）指出，垂死过程中人们所感受的痛苦大多来自恐惧。克服了恐惧的病人所感受的痛苦会少得多，对付死亡所需的药物也大大减少。[1]

我们对死亡的恐惧源自视角的缺失，即不能把死亡放到一个更大的架构中去。但是，这不仅仅是了解死亡的失败。这其实是在理解生命方面的更深层的失败，是没能把生命放到意义和价值的更大视角中。

在本书关于人类简史的章节中，我们讲述了一个关于人类进化循环的故事。我们是这个持续创造和破坏的历史长河中的一部分，是源自量子空间循环的一部分，我们穿越时空，作短暂停留，然后再返回量子空间。我们是那个无限潜能演化出的短暂形态，终将被它召回去创造其他形态。

去年一个傍晚做冥想的时候，我获得了深深的确定感和平和感，于是我明白了在我的一生中死亡总是如影随形。死亡不是"之后"，不是"结束"，而是一种继续存在的状态，它是我生命更进一步的层面。用量子场理论的术语说就是，我目前的生命形态是一种兴奋能量状态，而死亡则是更深层的能量静止状态，这种静止能量潜藏于我身

---

[1] 迈克·科尔尼（Michael Kearney），《致命的伤害》。

体中，并终将在某一天把我带到静止的地方去。物理学家告诉我们，所有的能量都是守恒的。宇宙中能量的总数不会发生变化，所以我目前体内存在的能量将永远存在。从生到死只是意味着，目前我所具有的能量将在某一天转化成其他形态。我的深层生命，即那片更深的潜能之海，没有开始也没有结束，而我现在的生命仅仅是那潜能之海上的一朵浪花。

因此，生与死都是量子空间的能量循环过程的一部分。世间万物都在生死更替，量子能量生生不息，直到永远。地球上的日夜轮转和季节更替与之如出一辙，我们体内分子的新陈代谢也是如此，它们在构成我们的这种更加持久的能量模式中来去穿梭。死亡只不过是能量转换的一个必需和自然的部分，我们在不断变换的世界中时时处处能看到它，因而完全无须恐惧。里尔克清楚地明白这一点，他在《杜伊诺哀歌》第9首中描写了《知心的死亡》：

> 大地，不就是你所希求的吗？
> 看不见地
> 在我们体内升起？——这不就是你的梦，
> 一旦变得看不见？大地！看不见！
> 如果不是变形，你紧迫的命令又是什么呢？
> 大地，亲爱的，我要你。哦——请相信，为了让你赢得我，
> 我已不再需要你的春天，一个春天，
> 哎哎，仅仅一个就使血液受不了。
> 我无话可说，一切听命于你，从远古以来。
> 你永远是对的，而你神圣的狂想

就是知心的死亡。

看哪，我活着。靠什么？童年和未来都没有

越变越少……额外的生存

在我的心中发源。①

这就是魂商层面对死亡的正确理解。

记住

到这里，本书即将结束。对我来说，这是一段漫长的旅程，有时还觉得很痛苦，因为魂商的要求并不简单。

高魂商要求我们坦诚面对自己，深入地了解自己。它要求我们直面选择，要认识到正确的选择常常是艰难的选择。高魂商要求最高层次的个人完整。它要求我们了解自己的深层中心，并围绕这个中心来生活。这种深层中心超越了我们生命所形成的所有碎片。它要求我们重新整理自己，包括那些曾经带给我们痛苦的部分。但最重要的是，高魂商要求我们对过往经历保持一颗开放的心，要求我们看待事物时永远保持新鲜感，就如同初生婴孩的眼睛一般。它要求我们不要从已知事物中寻求庇护，而是要不断地探索未知。它要求我们记住问题，而不是答案。最后结束时，让我再次引用里尔克的话：

我想恳求你和我一样，

对于心中悬而未决的问题要有耐心，

---

① 勒内·马利亚·里尔克，《杜伊诺哀歌》。

并学会去喜爱这些问题本身，
如同对待紧锁的房间
以及外文书籍。
不要汲汲探求你不能获得的答案，
因为即使记住它们也是徒然无获。
要点就是，去经历一切。
还是去记住问题吧，
或许经过一些漫长的日子，
在你不经意之间，
你已经找到了答案。①

---

① 勒内·马利亚·里尔克,《爱与其他难题》。

附 录

许多心理学分类体系和自我莲花图都有很好的关联。以下图表总结了我所知道的与莲花之间至少存在 75% 的关联的那些体系。至于那些没有太好关联（如彩虹的七彩或者七个天堂），或者不是广为人知的分类体系，这里就都略去了。

在此提供了一些非常简短的注释，它们有助于对以下 15 种体系进行进一步研究：

1. 见本书第 6 ~ 8 章。

2. 见本书第 6 章以及第 8 章中的迈尔斯 – 布里格斯（Myers-Briggs）。

3. 见第 7 章。

4. 在各种形式的精神疗法中，某些这样的图解是共通的。怀特（1993）将类似的图解和轮相关联。

5. 见特里普（1970）或谢瓦利埃和基尔巴特（Chevalier and Gheerbart，1996）及本书第 7 章。

6. 见谢瓦利埃和基尔巴特（Chevalier and Gheerbart，1996）。

7. 见萨缪尔斯（1985）或谢瓦利埃和基尔巴特（Chevalier and Gheerbart，1996）。

8. 梅斯（1997）以这样的方式将轮和圣礼相关联。

莲花状关联

	保守型	社会型	研究型	艺术型	现实型	进取型	一
A. 自我，西方							
1. 职业（霍兰德）	保守型	社会型	研究型	艺术型	现实型	进取型	—
2. 人格类型（荣格）	外向型感知	外向型感觉	内向型思维	内向型感知	内向型感觉	外向型思维	（卓越职能）
3. 动机（卡特尔）	群集性	父母的	探索	"性"（创造性）	建设	自我认知的	宗教
4. 生命阶段	幼年（0~1岁半）	童年（1岁半~6岁）	性活伏期（6~11岁）	菁青期（11~18岁）	青年（18~35岁）	成熟期（35~70岁）	任何年龄
B. 原型 5. 行星罗马/希腊神话	土星 萨图恩	金星 阿芙洛狄忒	水星 赫尔墨斯	月球 戴安娜 阿尔忒弥斯/赫卡忒	火星 阿瑞斯	木星 宙斯	太阳 阿波罗
6. 元素等	下界	地	空	上界	火	水	（充实空间/真空）
7. 其他（荣格等）	族群/参与奥秘	地球母亲	向导/孩子/魔术师	阴影/英雄厄洛斯	世界—灵魂 阿卡亚/该亚	伟大父亲 道/救赎	自我 万物的存在
C. 宗教的 8. 圣礼（基督教）	洗礼	宗教团体	忏悔	婚姻	确定	圣职继任	极端职能

续表

	I 根轮	II 腹轮	III 脐轮	IV 心轮	V 喉轮	VI 额轮	VII 顶轮
9. 轮（印度教教徒）							
10. 卡巴拉（犹太教）	Malkuth（王国）	Netzach（胜利）	Hod（荣光）	Yesod（基础）	Geburah（法）	Chesed（爱）	Tiphareth（美）
11. 中阴（藏传佛教）	佛 vs 渴望	僧伽 vs 仇恨	佛陀 vs 无知	怒相主尊 vs 阴影	平和主尊 vs 死亡	守护佛陀 vs 荣耀	（初始明光）
12. 层次（肯·威尔伯）	③神奇的	④神话的	⑤理性的	⑥想象—逻辑的	⑦精神的	⑧微妙的	⑨因果的
D. 内心活动							
13. 途径	职责	滋养	理解	个人转型	兄弟关系	个人领导力	（涅槃）
14. 响应	亲密 vs 疏远	合作 vs 反对	探索 vs 退却	庆祝 vs 悲伤	完整 vs 欠缺	忠诚 vs 背叛	镇定 vs 骚动
15. 治疗（内容）	外伤、罪过	对抗、投射	实际问题，防御	游戏/分裂	"过去生命"事件	基本目标	—

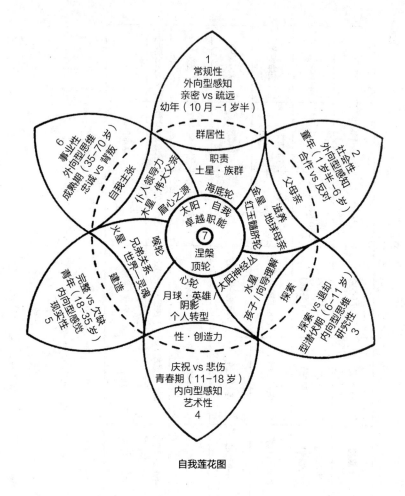

自我莲花图

9. 见第 7 章。怀特（1993）、坎贝尔（1974）、梅斯（1997）、菲尔斯蒂恩（1996）。

10. 若要了解诠释犹太教体系的西方神秘或深奥方法，请参见奈特（Knight，1972）。他也将"生命之树"的一部分与七个星相关联，和图表所示几乎一样（仅土星移动了）。关于道统论，请参见肖勒姆（Scholem，1963）。

11. 参见伊文斯·温兹（1960），及坎贝尔（1974），他以类似方式将中阴与轮相关联。我将 1、2 和 3 与三宝和三毒相关联（见佛教的任何介绍）。

12. 参见韦尔伯（Wilber，1995）。他的 10 个层次中的 7 个依次与莲花花瓣的内层部分和中心相关联，但他的排列更有层次。

13. 参见第 13 章。

14. 参见本书第 9 章以及格斯特（Guest）和马歇尔（1997）了解相关模式。

15. 要充分讨论这些属性还要花几个章节。

参考文献

Ahern, Geoffry, *Spiritual/Religious Experience in Modern Society,* Alastair Hardy Foundation, Oxford: 1990.

Allport, Gordon, *The Individual and His Religion,* Macmillan, New York: 1950.

Banquet, P. P., 'Spectral Analysis of the EEG in Meditation', *Electroencephalography and Clinical Neurophysiology, 35,* pp.143-151: 1973.

Batchelor, Stephen, ed., *The Jewel in the Lotus,* Wisdom Publications, London: 1987.

Benson, H., *The Relaxation Response,* William Morrow, New York: 1975.

Blakemore, Colin and Greenfield, Susan, *Mindwaves,* Basil Blackwell, Oxford: 1987.

Bly, Robert, trans., The *Kabir Book,* Beacon Press, Boston: 1971.

Boden, Margaret G., *Computer Models of Mind,* Cambridge University Press, New York: 1988.

Bohm, David, *Quantum Theory,* Constable, London: 1951.

Bressler, S. L. and Freeman, W. J., *Electroencephalography and Clinical Neurophysiology,* Vol. 50, pp.19-24, 1980.

Briggs Myers, Isabel with Myers, Peter B., *Gifts Differing,* Davies-Black

Publishing, Palo Alto, CA: 1995.

Brod, J. H., 'Creativity and Schizotypy', in Gordon Claridge, ed., *Schizotypy*, Oxford University Press, Oxford and New York: 1997.

Caird, D., 'Religiosity and Personality: Are Mystics Introverted, Neurotic or Psychotic?', *British Journal of Social Psychology, 26,* 345-346: 1987.

Campbell,Joseph, *The Mythic Image,* Princeton University Press, Princeton: 1974.

Campbell, Joseph with Moyers, Bill, *The Power of Myth,* Doubleday, New York: 1988.

Carse, James, *Finite and Infinite Games,* Ballantine Books, New York: 1986.

Castaneda, Carlos, *The Teachings of Don Juan,* Penguin, London: 1970.

Cattell, R. B., *Personality and Motivation Structure and Measurement,* World Book Company, New York: 1957.

Chalmers, David J., 'Moving Forward On the Problem of Consciousness', *Journal of Consciousness Studies,* Vol.4, No.1, 1997.

Chevalier, Jean and Gheerbrant, Alain, eds, *The Dictionary of Symbols,* Penguin Books. London: 1996.

Claridge, Gordon, ed. *Schizotypy,* Oxford University Press: Oxford and New York: 1997.

Coles, Robert, *The Spiritual Life of Children,* Houghton Mifflin, Boston: 1990.

Cook, C. M. and Persinger, M. A., 'Experimental Induction of a "Sensed

Presence" in Normal Subjects and an Exceptional Subject', *Perceptual and Motor Skills,* 85 (2), pp.683-93: October 1985.

Coughlan, C. D. and Dodd, J. D., *The Ideas of Particle Physics,* 2nd edition, Cambridge University Press, Cambridge and New York: 1991.

Crick, Francis, *The Astonishing Hypothesis,* Simon and Schuster, London, New York, etc.: 1994.

Damasio, Antonio R., *Descartes' Error,* Papermac (Macmillan), London: 1996.

Dante, A., *The Divine Comedy: The Inferno and Paradiso,* trans. J. Ciardi, Mentor Books, New York: 1954.

De Hennezel, Marie, *Intimate Death,* Warner Books, London: 1997.

Deacon, Terrance, *The Symbolic Species,* Allen Lane The Penguin Press, London: 1997.

Del Guidice, E., Preparata, G. and Vitiello, G., *'Water as a Free Electric Dipole Laser',* *Physical Review Letters, 61,* pp.1085-8: 1988.

Dennett, D. C., *Consciousness Explained,* Little Brown, Boston: 1991.

Descartes, René, *Meditations,* Bobbs-Merrill, New York: 1960.

Desmedt, J. E. and Tomberg, C., *Neuroscience Letters,* Vol.168, pp.126-9, 1994.

Dostoyevsky, Fyodor, *Crime and Punishment,* Penguin Books, London: 1998.

Douglas, R. and Martin, K., 'Neocortex', in G. M. Shepherd (ed.) *The Synaptic Organization of the Brain,* 4th edition, Oxford University Press, Oxford and New York: 1998.

Edelman, Gerald, *Bright Air, Brilliant Fire,* Allen Lane The Penguin Press, New York and London: 1992.

Eliot, T. S., *Four Quartets,* Faber, London: 1994.

Emerson, Ralph Waldo, 'The Over-Soul', in *Selected Essays,* Penguin Classics, London: 1985.

Evans-Wentz, W. Y. ed., *The Tibetan Book of the Dead,* Oxford University Press, Oxford: 1960.

Feuerstein, G., *The Shambala Guide to Yoga,* Shambala Press, Boston and London: 1996.

Frankl, Viktor E., *Man's Search for Meaning,* Pocket Books, Washington Square Press, New York, London, etc.: 1985.

Freud, Sigmund, *The Ego and the Id,* standard edition, *Collected Works,* Vol.19, Hogarth Press, London: 1923.

Gardner, Howard, *Multiple Intelligences,* HarperCollins (Basic Books): New York, 1993.

Ghose, G. M. and Freeman, R. D., *Journal of Neurophysiology,* Vol.58, pp.1558- 1574, 1992.

Goddard, D., *A Buddhist Bible,* Book Faith India, Delhi: 1999.

Goleman, Daniel, *Emotional Intelligence,* Bantam Books: New York, London, etc.: 1996.

Gottfriedson, G. D. and Holland, J. L., *Dictionary of Holland Occupational Codes,* 3rd edition, Psychological Assessment Resources Inc., Florida: 1996.

Graves, Robert, *The White Goddess,* Faber, London: 1961.

Gray, C. M. and Singer, W., 'Stimulus Dependent Neuronal Oscillations in the Cat Visual Cortex Area', *Neuroscience [Suppl]* 22: 1301P, 1987.

Gray, C. M., and Singer, W., 'Stimulus-Specific Neuronal Oscillations in Orientation Columns of Cat Visual Cortex', *Proceedings of the National Academy of Sciences of the United States of America,* 86: 1698-702, 1989.

Gray, John, *Men Are from Mars, Women Are from Venus,* HarperCollins, London: 1992.

Green, Michael, 'A Resonance Model Gives the Response to Membrane Potential for an Ion Channel', *Journal of Theoretical Biology,* Vol.193, pp.475-483, 1998.

Greenleaf, Robert, *Servant Leadership: A Journey into the Nature of Legitimate Power and Greatness,* Paulist Press, New York: 1977.

Grof, Christina and Grof, Stanislav, *The Stormy Search for the Self,* Thorsons, London: 1991.

Guest, Hazel and Marshall, I. N., 'The Scale of Responses: Emotions and Mood in Context', *International Journal of Psychotherapy,* 2 (2), pp.149-169: 1997.

Guyton, A. C., *Structure and Function of the Nervous System,* W. B. Saunders, Philadelphia, London and Toronto: 1972.

Haldane, J. B.S., 'Quantum Mechanics as a Basis for Philosophy', *Philosophy of Science, 1,* pp.78-98: 1934.

Hameroff, S. and Penrose, R., 'Conscious Events as Orchestrated Time-Space Selections', *Journal of Consciousness Studies,* Vol.3 (1), pp.36-

53, 1996.

Happold, F. C., *Mysticism,* Penguin, London: 1963.

Hardy, Alastair, *The Spiritual Nature of Man,* Oxford University Press, Oxford: 1979.

Hari, Riitta and Salmélin, Riitta, 'Human Cortical Oscillations: A Neuromagnetic View Through the Skull', *Trends in Neuroscience (TINS),* Vol.20, No.l, pp.44-49, 1997.

Harvey, Andrew, *The Essential Mystics,* Castle Books, New Jersey: 1996.

Heschel, Abraham, *God in Search of Man,* Farrar, Straus and Giroux, New York: 1955.

Hillman, James, *The Soul's Code,* Random House, New York: 1996.

Hobsbawm, Eric, *The Age of Extremes,* Michael Joseph, London: 1994.

Hogen, Y., *On the Open Way,* Jiko Oasis Books, Liskeard, Comwall: 1993.

Holland, J. L., *Making Vocational Choices,* 3rd edition, Psychological Assessment Resources, Inc., Florida: 1997.

Houston, Jean, *A Passion for the Possible,* Thorsons, London: 1998.

Huxley, Julian, *Religion Without Revelation,* New American Library, New York: 1957.

Inchausti, Robert, *Thomas Merton's American Prophecy,* State University of New York Press, Albany: 1998.

Jackson, Michael, 'A Study of the Relationship Between Spiritual and Psychotic Experience', unpublished D. Phil. thesis, Oxford University, 1991.

Jackson, Michael, 'Benign Schizotypy? The Case of Spiritual Experience', in Gordon Claridge, ed., *Schizotypy,* Oxford University Press, Oxford: 1997.

James, William, *The Varieties of Religious Experience,* The Modern Library, New York: 1929.

Jamison, Kay Redfield, *Touched with Fire,* The Free Press, New York: 1993.

Jarrett, Keith, *The Eyes of the Heart,* ECM Records, 78118-21150-2/4.

Jobst, Kim A., Shostak, Daniel and Whitehouse, Peter J., 'Diseases of Meaning: Manifestations of Health and Metaphor', *Journal of Alternative and Complementary Medicine,* 1999.

Saint John of the Cross, *Collected Works,* Trans. Kavanaugh K. and Rodriguez O., ICS Publications, Washington DC: 1991.

Joyce, James, *A Portrait of the Artist as a Young Man,* Viking Press, New York: 1916 (1963).

Jung, C. G., *Psychological Types, Collected Works,* Vol. 6, Routledge, London, etc: 1921.

Jung, C. G., 'On the Nature of the Psyche', in *Collected Works,* Vol.8, Routledge & Kegan Paul, London: 1954.

Jung, C. G., 'Psychotherapists or the Clergy' (1932), *Collected Works,* Vol.11, Routledge & Kegan Paul, London: 1954.

Jung, C. G. *Memories, Dreams, Reflections,* Collins and Routledge & Kegan Paul, London: 1963.

Kaku, Michio, *Hyperspace,* Oxford University Press, Oxford and New York: 1994.

Kandel, E. R. and Hawkins, R. D., 'The Biological Basis of Learning and Individuality', *Scientific American:* September 1992.

Kearney, Michael, *Mortally Wounded,* Touchstone Books, New York: 1996. Also published in Dublin.Mereier Press (Marino): 1966.

Kearney, Michael, 'Working with Soul Pain in Palliative Care', unpublished.

Kleinbard, David, *The Beginning of Terror: A Psychological Study of Rainer Maria Rilke's Life and Work,* New York University Press: New York, 1993.

Knight, G., *A Practical Guide to Qabalistic Symbolism,* 2 vols, Helios, UK: 1972.

Kuffler, S. W. and Nicholls, J. G., *From Neuron to Brain,* Sinauer, Mass.: 1976.

Kuhn, Thomas, *The Structure of Scientific Revolutions,* University of Chicago Press, Chicago: 1962.

Laing, R. D., *The Divided Self,* Penguin, London: 1959 (1990).

Laing, R. D., *The Politics of Experience and The Bird of Paradise,* Penguin, London: 1967.

Lawrence, D. H., *Collected Poems,* Penguin, New York: 1993.

Llinas, Rodolfo and Ribary, Urs, 'Coherent 40-Hz Oscillation Characterizes Dream State in Humans', *Proceedings of the National Academy of Science, USA,* Vol.90, pp.2078-2081: March 1993.

Locke, John, *An Essay Concerning Human Understanding,* Oxford Clarendon Press, Oxford: 1947.

Losada, Marcial, translation and abridgement of Umberto Maturana's 'The Student's Prayer', unpublished.

McClelland, J. L. and Rumelhart, D. E., *Parallel Distributed Processing*, Vol.2, MIT Press, London and Cambridge, Mass.: 1986.

Marshall, I. N., 'Consciousness and Bose-Einstein Condensates', *New Ideas in Psychology*, Vol.7, no.l, pp.73-83, 1989.

Marshall, I. N., 'Some Phenomenological Implications of a Quantum Model of Consciousness', *Minds and Machines, 5,* pp.609-620: 1995.

Marshall, I. N., 'Three Kinds of Thinking', in *Towards a Scientific Basis for Consciousness,* eds S. R. Hameroff, A. W. Kaszniak and A. C. Scott, MIT Press, Cambridge, Mass. and London: 1996.

Martin, P. W., *Experiment in Depth,* Routledge & Kegan Paul, London and Boston: 1955 (1976).

Matthews, John, *The Arthurian Tradition,* Element Books, Shaftesbury, UK: 1989.

May, Rollo, *Love and Will,* W. W. Norton, New York: 1969.

Merton, Thomas, *The Asian Journal,* New Directions, New York: 1968 (1975).

Minsky, Marvin, *Computation,* Prentice-Hall, London: 1972.

Myss, Caroline, *Anatomy of the Spirit,* Bantam Books, New York: 1997.

Nietzsche, F. *Thus Spoke Zarathustra,* Trans. R.J. Hollingdale, Penguin Books, England: 1961.

Olivier, Richard, *Shadow of the Stone Heart: A Search for Manhood,* Pan Books, London: 1995.

Pagels, Elaine, *The Gnostic Gospels*, Random House, New York: 1979.

Pare, Denis and Llinas, Rodolfo, 'Conscious and Pre-Conscious Processes As Seen From the Standpoint of Sleep-Waking Cycle Neurophysiology', *Neuropsycholigia,* Vol.33, No.9, pp.1155-1168, 1995.

Persinger, M. A., 'Feelings of Past Lives as Expected Perturbations Within the Neurocognitive Processes That Generate the Sense of Self: Contributions from Limbic Lability and Vectorial Hemisphericity', *Perceptual and Motor Skills, 83* (3 Pt. 2), pp.1107-21: December 1996.

Popper, K. R. and Eccles, J. C., *The Self and its Brain,* Springer-Verlag, Berlin: 1977.

Post, Felix, 'Creativity and Psychopathology. A Study of 291 World-Famous Men', *British Journal of Psychiatry,* 165, 22-34.

Pratt, Annis, *Dancing with Goddesses,* Indiana University Press: Bloomington and Indianapolis, 1994.

Ramachandran, V. S. and Blakeslee, Sandra, *Phantoms in the Brain,* Fourth Estate, London: 1998.

Reps, Paul, *Zen Flesh, Zen Bones,* Penguin, London: 1971.

Ribary, V., Llinas, R. et al. 'Magnetic Field Tomography of Coherent Thalamocortical 40-Hz Oscillations in Humans', *Proceedings of the National Academy of Science, USA, 88,* 11037-11041: 1991.

Richardson, A. J., 'Dyslexia and Schizotypy', in Gordon Claridge, ed., *Schizotypy,* Oxford University Press, Oxford: 1997.

Rilke, Rainer Maria, *Duino Elegies,* trans. Stephen Cohn, Carcanet Press, Manchester, UK: 1989.

Rilke, Rainer Maria, *Rilke on Love and Other Difficulties,* Translated by J. J. L. Mood, W. W. Norton & Co, New York and London: 1975.

Rilke, Rainer Maria, *Sonnets to Orpheus,* trans. C. F. MacIntyre, University of California Press, Berkeley and Los Angeles: 1961.

Rilke, Rainer Maria, *Letters to a Young Poet,* trans. Stephen Mitchell, Vintage Books, New York: 1986.

Rinpoche, Sogyal, *The Tibetan Book of Living and Dying,* Rider, London and San Francisco: 1992.

Rogers, Carl, *On Becoming a Person,* Constable, London: 1961.

Rumelhart, D. E. and McLelland, J. L., eds, *Parallel Distributed Processing,* 2 vols, MIT Press, Cambridge, Mass.: 1986.

Russell, Bertrand, *The Analysis of Matter,* Kegan Paul, London: 1927.

Samuels, A., *Jung and the Post-Jungians,* Routledge & Kegan Paul, London and Boston: 1985.

Scholem, Gershom, ed., *The Zohar,* Schocken Books, New York: 1963.

Seymour, J. and Norwood, D., 'A Game for Life', *New Scientist,* 139: 23-6, 1993.

Singer, W. and Gray, C. M., 'Visual Feature Integration and the Temporal Correlation Hypothesis', *Annual Reviews of Neuroscience, 18,* pp.555-586: 1995.

Singer, W. 'Striving for Coherence', *Nature,* Vol.397, pp.391-393: 4 February 1999.

Skarda, C. A. and Freeman, W.J., 'How Brains Make Chaos in Order to Make Sense of the World', *Behavioural and Brain Sciences, 10* (2), pp.161-173: 1987.

Suzuki, D. T., *Manual of Zen Buddhism,* Rider, London: 1950 (1983).

Tagore, Rabindranath, *Gitanjali,* Macmillan, London: 1912 (1992).

Tarnas, Richard, *The Passion of the Western Mind,* Pimlico, London: 1996.

Tilley, D. R. and Tilley, J., *Superfluidity and Superconductivity,* Adam Hilger Ltd, Bristol and Boston: 1986.

Tolkien, J. R. R., *The Lord of the Rings,* Unwin Paperbacks: London, 1978.

Treisman, Ann, 'Features and Objects in Visual Processing', *Scientific American,* vol. 255, no.5: November 1986.

Tripp, E., *Dictionary of Classical Mythology,* HarperCollins, London: 1998.

Tucci, Giuseppe, *The Theory and Practice of the Mandala,* Rider, London: 1961.

Walsch, Neale Donald, *Conversations with God,* Hodder and Stoughton, London: 1995

White, R., *Working with Your Chakras,* Piatkus, London: 1993.

Wilber, Ken, ed., *The Holographic Paradigm and other Paradoxes,* New Science Library, Boulder, USA: 1982.

Wilber, Ken, *Eye to Eye,* Anchor Books, New York: 1983.

Wilber, Ken, *Sex, Ecology and Spirituality,* Shambala, Boston and London: 1995.

Wright, Peggy Ann, 'The Interconnectivity of Mind, Brain, and Behavior in Altered States of Consciousness: Focus on Shamanism', *Alternative Therapies, 1,* No.3, pp.50-55: July 1995.

Yazaki, Katsuhiko, *The Path to Liang Zhi,* Future Generations Alliance Foundation, Kyoto, Japan: 1994.

Yeats, William Butler, *Selected Poems and Two Plays,* ed. M. L. Rosenthal, Collier Books, New York: 1962.

Zohar, Danah, *The Quantum Self,* Bloomsbury, London and William Morrow, New York: 1990.

Zohar, Danah and Marshall, I. N., *The Quantum Society,* Bloomsbury, London and William Morrow, New York: 1994.

图书在版编目（CIP）数据

高魂商/（英）丹娜·左哈尔(Danah Zohar)，（英）艾恩·马歇尔(Ian Marshall)著；杨壮，张玮译.--北京：华夏出版社有限公司，2021.1
书名原文：SQ: Connecting With Our Spiritual Intelligence
ISBN 978-7-5222-0063-7

Ⅰ.①高… Ⅱ.①丹… ②艾… ③杨… ④张… Ⅲ.①人格心理学—研究 Ⅳ.①B848.9

中国版本图书馆 CIP 数据核字(2020)第 248571 号

高魂商

著　　者	[英]丹娜·左哈尔　[英]艾恩·马歇尔
译　　者	杨　壮　张　玮
策划编辑	朱　悦　卢莎莎
责任编辑	朱　悦　卢莎莎
版权统筹	曾方圆
责任印制	刘　洋
装帧设计	殷丽云
出版发行	华夏出版社有限公司
经　　销	新华书店
印　　刷	三河市少明印务有限公司
装　　订	三河市少明印务有限公司
版　　次	2021 年 1 月北京第 1 版　　2021 年 1 月北京第 1 次印刷
开　　本	710×1000　1/16
印　　张	19.5
字　　数	223 千字
定　　价	59.80 元

华夏出版社有限公司　　地址：北京市东直门外香河园北里 4 号　邮编：100028
网址：www.hxph.com.cn　电话：(010) 64663331（转）
若发现本版图书有印装质量问题，请与我社营销中心联系调换。